DONQ 仁瓶利夫的思考理論與追求

邁向 Bon Pain 之道

仁瓶利夫

TK

將本書獻給我的尊師 Raymond Calvel 教授和藤井幸男先生

所謂麵包

在法國，對於自己國家的麵包有著如下明確的定義。

「麵包之名稱，僅能以麵粉、水分、鹽、酵母Yeast或
發酵種Levain製作的麵團，經烘焙製成者。」

※ 摘自CNERNA（營養與食品相關共同研究中心）於1977年發表之
「Le recueil des usages des pains en France法國的麵包慣例集」與其後「Code d'usage 慣例法規」的解說。

所謂的「Bon Pain好麵包」

Raymond Calvel教授以長棍麵包（Baguette）為例，列舉出作為Bon Pain好麵包的要素，有以下三項。

◎ croûte（表層外皮crust）要充分烘焙（bien cuit）
◎ mie（柔軟內側crum）呈奶油色（mie crème）
◎ 內部組織不過度緊實（bien alvéole）

我個人還想添加一項。
◎ 由烤箱取出時麵包的歡唱（chanter）！

那麼只要能具備這四項條件，就一定是Bon Pain好麵包嗎？

例如，只注重劃切割紋的麵包，只追求膨脹體積的麵包，即使具備以上的條件，食用時真能感受到它的美味嗎？

麵團的發酵方法不同，食用時的美味亦有所不同。

麵包師們對於目標的Bon Pain好麵包形態，或許各有不同。但對我而言，所謂「Bon Pain好麵包」，指的是「吃起來美味的麵包」。

食用時，可以由製作方法而品嚐出其原有的風味及香氣的麵包。

一直以來的麵包，是由麵包原料的穀物中培養出酵母或乳酸菌作為發酵種（在法國將其稱為發酵種）來製作完成。也有很多人否定過於拘泥於此方式製作的麵包，或是培養稱為Yeast的單一酵母所發酵的麵包，但酵母Yeast麵包自有其酵母麵包的美味，發酵種Levain麵包有其發酵種麵包的美味。不應以此區分優劣。

無論哪一種製作方法，在其中探尋出原本具有的Bon Pain好麵包，才是重要關鍵。而當這樣的麵包入口時，能夠瞬間感受到幾千年前所醞釀出發酵麵包的歷史，我想這才是麵包師感覺最幸福的一刻。

「嚐起來美味的麵包」，是每天吃都不會倦膩的麵包，這對我而言就是最「幸福的麵包」了。

歌德曾說過：「所謂的好書就是能賦予人精神的書」。那麼我要說：「所謂Bon Pain好麵包，就是食用後能賦予人精神元氣的麵包。」

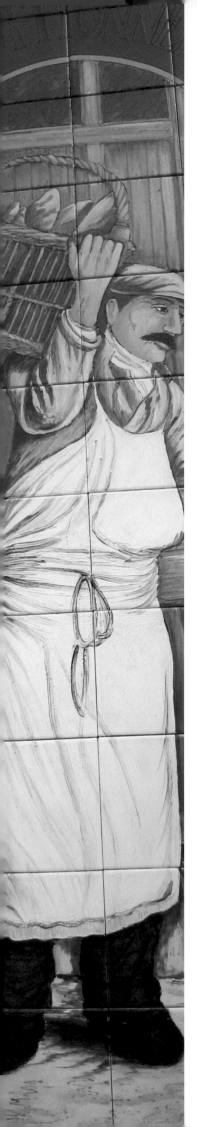

DONQ 仁瓶利夫的思考理論與追求

邁向 Bon Pain 之道

所謂麵包 3

所謂的 Bon Pain 好麵包 5

Prologue 序 8

第1章　Bon Pain 好麵包的歷史 11

1）個人摘錄「法國麵包的歷程」

法國麵包的變遷　其一～從圓形大麵包 Misch 到長棍麵包 Baguette 12

法國麵包的變遷　其二～從發酵種 Levain 到酵母 Levure 18

以年表檢視法國麵包的歷程 23

資料 le decret pain 40

2）仁瓶利夫所見，日法的法國麵包現代史

Raymond Calvel 教授在日本的功績 42

討論分割麵團重量與麵包 48

鄉村麵包不是撒上粉類的變裝麵包 49

Ganachaud 先生的發酵種麵包 Pain au Levain 和
　裝飾麵包 Pains decores 50

Poilâne 與長棍麵包 Baguette 51

1970年青山 DONQ 工作教育中習得的事 52

與玉米麵包一起學習 54

發現日本酒與麵包的相似性 57

遇見 Gerard Meunier 先生的收獲 58

麵包、葡萄酒與自行車 61

在 VIRON 公司的研究室體驗「Pain blanc」 62

在法國麵包研讀會中偏離正道 63

研討會上傳遞的不僅只是技術 64

造就出追尋法國麵包的男人 仁瓶利夫 66

第2章　追求 Bon Pain 好麵包的製作方法 73

發酵種麵包 Pain・au・Levain 74
　　〈專欄〉探索追尋發酵種 Levain 之道 88

長棍麵包 Baguette・巴塔麵包 Bâtard 92
　　〈專欄〉長棍麵包 Baguette & 巴塔麵包 Bâtard 日本的誤解 108
　　〈專欄〉何謂美味的法國麵包？ 110
　　〈專欄〉與生活合而爲一的法國麵包 112
　　1930年代以直接法製作的麵包 117
　　1954年以直接法製作的長棍麵包 127
　　不經揉和而僅以6次折疊製作的長棍麵包 132

洛斯提克麵包 Pain rustique 138
　　〈專欄〉衝擊！Gerard Meunier 先生的洛斯提克麵包 Pain rustique 156

洛代夫麵包（Pain de Lodève） 158
　　〈專欄〉過去的 paillasse、成爲聞名的洛代夫 Lodève 172
　　〈專欄〉邂逅高吸水量的麵團 174

第3章　Bon Pain 好麵包的原料 177

麵粉 178
麵包酵母 184
鹽 194
水 197
麥芽 200
維生素 C 208
　　〈專欄〉法國麵包與油脂，不可跨越之鴻溝 210

第4章　工序
　　～製作出 Bon Pain 好麵包的疑問與解答～ 211

發酵 214
最後發酵 215
割紋的劃切方法 216
蒸氣 219
長棍麵包 Baguette 的相關圖 220
Bon Pain 好麵包的探尋方法 222

　　Épilogue 結語 225
　　法國麵包相關語詞解說 226
　　參考文獻 229
　　謝詞 231

Prologue 序

前一本書「法國麵包・世界的麵包　正統製作麵包技術」是以DONQ為名出版的作品，距今已有16年了。在該書的第1章，雖然記述了法國麵包的分類（長棍麵包Baguette、特殊麵包Pains spéciaux、維也納麵包Viennoiserie），但那是參考世界盃麵包大賽（Coupe du Monde de la Boulangerie）的規則而進行的分類。這樣的分類法，在當時的日本書籍中前所未有，這是希望製作法國麵包的專業技術人員，都能具備分辨能力而特別加以記述。

來自法國國立製粉學校的Calvel教授初次到訪日本，實際演練了正統法國麵包製作，是在1954年。在已超過60年的現今，我想日本終於對法國麵包有其確實的定位了。

的確，在我1970年進入DONQ時，長棍麵包Baguette還未有現在般的確實名稱，因為即使是想寫成長棍麵包Baguette，一般而言最終也都是以法國麵包廣泛地稱之，但現在長棍麵包Baguette已是大家習慣通用的名稱了，連地方上的麵包店烘烤長型法國麵包時，大都也不再稱為巴塔麵包Bâtard而改稱為長棍麵包Baguette，以這點來看真有恍若隔世之感。

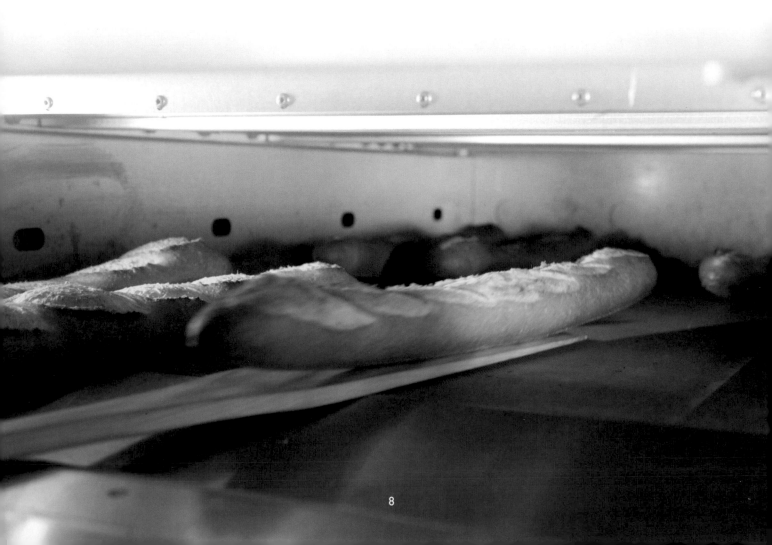

但是，在日本製作法國麵包的專業麵包師，究竟正確地理解了法國麵包到什麼程度呢？再度仔細思考後，深深覺得尚有許多環結仍無法稱之已瞭然深入。

所謂的法國麵包，雖然無論哪本書都寫著是以麵粉、麵包酵母、鹽和水製作而成的，但在日本實際上販售的法國麵包當中，有添加了酥油的麵包、也有巴塔麵包形狀的法國麵包，卻稱之爲長棍麵包等狀況。

此外，日本的專業麵包師，即使到現在，仍有許多人仍認爲在法國使用的是乾燥酵母Dry Yeast，或是認爲法國的新鮮酵母與日本的新鮮酵母是相同品質（菌株）等等的想法。

更甚者，還有許多人因爲在日本巴塔麵包的銷售更勝於長棍麵包，進而漠然地認定在法國巴塔麵包也是最熱賣的商品。還有將名爲Parisien（巴黎的麵包）的法國麵包意譯爲「巴黎的男性」、也有人將（2）里弗爾（Deux-livres）誤想成是「1公斤麵團的麵包」。

像這樣「視若無睹的誤想」不勝枚舉，在日本大量且廣泛地存在著關於「法國麵包常識」的訛誤。

而以基本材料，麵粉、麵包酵母、鹽和水，可以製作出何種程度美味的麵包，才是更應該瞭解的法國麵包製作技術。但在日本，不知從何時，卻是添加砂糖使其較容易食用、添加酥油可以讓表層外皮（Crust）更易入口、或是添加副材料以增加其附加價值之流。如此行事，是否能讓大家省思，這是多麼摧毀法國麵包固有的原始風味呢。法國麵包並不是那種需要利用添加副材料而提高品質的麵包。

Calvel教授曾說過：「製作好麵包的必要材料是Bon Farine、Bon Levure、Bon Boulanger」。也就是優質麵粉、優質酵母以及優質專業麵包師（技術）的意思。

所謂「優質麵粉」，指的是未經漂白且未添加酵素、氧化改良劑的小麥麵粉，並且在製成麵包時具優良加工適性的同時，還能散發美好風味及香氣的小麥麵粉。

其次，所謂的「優質酵母」也許無法立刻瞭解，但要理解其原由，可能必須要先想像酵母剛開始被使用之初，是沒有如現今般安定的品質。酵母在日本是以甘蔗糖蜜爲其營養源，在法國是以甜菜作爲其營養源，而製作出來的，但在此之前是以穀物作爲其營養源（Levure de grain）。更早之前，是取用長時間釀造啤酒的釀造場，在釀造啤酒過程中產生的慕斯狀物質啤酒酵母（Levure de bierre），使用於麵包製作上。特別因爲啤酒酵母（Levure de bierre）屬於極不安定的物質，所以法令上規定，必須是新鮮者方可使用。在該時代背景的考量下，列舉

出「優質酵母」是可以令人頷首同意的。或者，也可想成是在酵母誕生前作爲麵包種的「發酵種 Levain」。

最後是第三項的「優質專業麵包師的技術」。

麵包，極端而言是添加酵母烘烤的成品，所見者即姑且是爲麵包。現在，已經是在機器中置入材料、按下按鈕，在休息睡夢中就能製作出來，比「姑且是爲麵包」更美味數倍成品的時代了。

在這樣的時代中，對「好麵包師 Bon Boulanger」而言，製作好麵包的技術爲何？與有名的專業麵包師一樣，以知名長棍麵包的配方來製作，即可稱爲 Bon Pain 好麵包嗎？或許在諸位當中，也有人很憧憬名店的麵包，但仍有著明明依照相同的配方，卻製作不出相同風味的苦惱吧。

法國麵包是一種配方極端簡單的麵包。因此光看著配方，很難感到其重點。所以當還沒能夠確實領悟掌握基本技術時，遇到了法國麵包專用粉略有不足、粉類改添加特殊物質、直接法（Direct）不適合所以製作改以液種（Poolish）、低溫長時間製作法等等情況，這時就進入了迷航的開始。

眞正最重要的，並不是配方食譜中的替換，紙張上的其實就是製作者的考量和技術。法國麵包，只有食譜配方是無法成爲 Bon Pain 好麵包的。直到能夠理解食譜配方中沒有寫出來的部分（寫不出來）是眞實存在爲止之前，迷航狀態會持續存在。

本書並不是一本追求特殊技巧的書。

DONQ 長久以 Calvel 教授的指導爲根本，一路走來。所謂的指導，並非針對困難的指導，而是理所當然、不可或缺的教導。

當時代潮流開始偏離 Bon Pain 好麵包的方向時，Calvel 教授不斷地向法國麵包業界提出對策與提案。教授過世 11 年了，但有感於教授所傳授的理念在日本仍未深入，於此再次依循教授的軌跡，再加上自己試著翻查出的法國麵包歷史，故而執筆。

藉由再次探索「已知之途」，相信應該可以看見「未來持續之道」。

深深期許本書能成爲專業麵包師們，邁向麵包之途的導航指引。

Bon Pain 好麵包的歷史

1）個人摘錄「法國麵包的歷程」

法國麵包的變遷　其一
～從圓形大麵包Miche至長棍麵包Baguette～

「法國麵包，從圓形大麵包（Miche）最終成爲像長棍麵包（Baguette）般的細長形麵包」。

法國的麵包歷史，若是極爲概略來說，就是這樣的一句話吧。

這樣的傾向，在巴黎特別顯著。這是因爲隨著都市的發展，人們得以每天去購買麵包，也因此相較於「可持久食用的麵包」，大家都傾向於「新鮮，更具香脆（croustillant）口感的麵包」。無法每日購買新鮮麵包的鄉村，能長時間保存就是非常重要的事了。

那麼，讓我們再仔細地看看法國麵包的歷史吧。

14世紀中期，巴黎用法律規定了以下3種麵包的名稱及內容。

- Pain blanc

  白麵包（由製粉良品率（步留率），也就是產量低的麵粉，製作而成的奢侈麵包）

- Pain bis-blanc

  灰麵包（介於白麵包與褐麵包之間的麵粉，製作而成的麵包）

· Pain bis

褐麵包（由製粉良品率（步留率）高的麵粉，製作而成的麵包）

由此可得知，麵包的柔軟內側（Crum）顏色來自良品率（步留率）高低，也就是以小麥表皮部分的去除程度製作出不同麵粉，再製成的麵包，其顏色也成為食用者社會地位及經濟能力的指標。

另一方面，法國1419年，在巴黎開始了以里弗爾（Livre）（500公克）為單位的販售。也就是2里弗爾（Deux-livres）的麵包就是「1公斤的麵包」。於此經常被訛誤，麵包店販售的當然不是麵團，所以實際上代表的是「烘烤完成的重量為1公斤的麵包」。希望大家多加注意，在當時，麵包的重量會直接作為麵包的名字來使用。

● 麵包，從圓形變成細長形

1778年出版的農業學者，Parmentier的麵包著作中，曾記述「在巴黎圓形麵包幾乎已經消失無蹤了」。

此時，最暢銷熱賣的是4里弗爾（Quatre livre）（2公斤），長60公分的麵包，但4里弗爾長80公分的麵包似乎也是潮流。這樣形狀的麵包，相較於長久以來的圓形麵包，其表層外皮烘焙得更為脆口，可以想見巴黎的消費者們因感受到香脆口感（croûte）的魅力，進而受其吸引。再者，因為這樣的需求，進而提升專業麵包師的技術，從過去堅硬的麵團轉變成吸水性較高的麵團，如此也意味著麵團的延展性增加，更能挑戰新的麵包形狀。

長棍麵包（Baguette），據說是在19世紀末，於巴黎的地下醞釀而生，當然也並不是突然出現的形狀，可由該書出版的18世紀後半一窺端倪。但因18世紀穀物持續的收成不佳、麵包不足，使得麵包價格上揚，最終成為國民暴動的開始。

1789年10月，法國大革命最盛之時，麵包師François因為被懷疑順勢漲價並囤貨，致使商店被毀損，並處以吊刑。麵包供應不足，使得民眾將怒火指向麵包坊。另一方面，關於巴黎的富裕階層最喜歡的是1里弗爾（500公克）稱為長笛（flûte）的麵包，1810年的美食指南就曾提及：「雖然只要有這種麵包就是美味的早餐了，但卻不得不趁早起床才買得到。」

● 割紋的開始

1830年，在4里弗爾的Pain fendu（沒有割紋使其在烤箱中自然伸展成型的麵包），是當時最常見的方法。巴黎的專業麵包師們發展出在麵團放入烤箱前，用刀子劃切出割紋。最初是格子狀或臘腸狀（saucisson）的割紋，之後才變成現今長棍麵包般的割紋。這樣的作法，使得麵團在烤箱中容易得以伸展，也使得外型更加美觀。

註）Parmentier是農業學者，但著有「Le parfait boulanger完美麵包師」（1778年）這本關於麵包的作品。身為法國陸軍附屬之藥劑師，在歷史上的7年戰爭中曾被普魯士同盟的軍隊俘擄，因而得以認識馬鈴薯。之後在法國危機之際，法國學院France Académie於1772年發出募集關於「緩和糧食飢荒食物」的論文懸賞，Parmentier提出馬鈴薯的栽培建言獲得採用。在法國料理中，使用馬鈴薯的菜餚皆冠以Parmentier風味的名稱，即是由此而來。1789年著有馬鈴薯的栽培與利用方法一書。（但仍無法消除重度飢餓的現況，女性們朝著凡爾賽宮叫喊著：「給我麵包！」形成了法國大革命。）

麵包是法國人的主食，所以當時政府為了能讓人民簡單地買到麵包，將賣得最好的麵包，歸類為Pain courant（日常麵包）的分類當中，並抑制其價格。2公斤60公分的Pain fendu或其他有割紋的麵包都屬於此類，因價格都訂得近乎原價，所以麵包坊若是只製作此類麵包，很難生存下去。

因此，在日常消費的麵包之外，1840年的認可令，另行增設一個花式麵包（Pain de fantaisie）的類別，同意麵包坊能夠有某個程度收益的作法。其中包含了2公斤80公分的麵包、1公斤麵包（實際上雖然僅有800公克但仍命名為2里弗爾）、1公斤以下的麵包。從消費者觀點來看，或許是較為昂貴的麵包，但是有富裕階層的人喜歡並購買。細長的麵包燒減率當然越高，因此分切麵團的重量也必須較多。花式麵包（Pain de fantaisie）因為使用了白色高品質的麵粉，雖然成本也較高，但即使如此仍較日常麵包（Pain courant）更具利潤。

認可令當中，值得大家關注的是，政府許可花式麵包不以重量，而是以每個為單位來出售。這類的麵包重量容許範圍較大，以2里弗爾（Deux-livres＝1公斤）命名的麵包，實際上重量僅有800公克左右也可以被認同。當專業麵包師的技術更加磨練提升，使麵包的體積更大時，麵團的重量也不斷地遞減，最後的結果就是烘烤出的麵包重量也隨之減少。

1840年，在巴黎的黎塞留大道（Richelieu）上，奧地利人Zang帶著維也納的麵包師，於此開設了完全不使用發酵種Levain，僅使用酵母Yeast的麵包烘焙坊。使用液種法（Poolish）製成的小麵包（Petit pain），有著巴黎麵包前所未有的輕盈，以及完全感受不到酸味的風味而廣受好評，被稱為「維也納麵包Pain viennois」（雖然是"維也納風格麵包"的意思，但卻與現在添加了副材料的維也納麵包不相同）。相對於此，法國原本以發酵種Levain為基礎的麵包，則被稱為「法國麵包Pain français」以示區隔。麵包店內舊玻璃櫃櫥窗上，至今還能看到書寫在上面的文字。

到了1860年，農家也不再自己烘烤麵包了，家庭主婦們也從重度手作勞動中得到解脫。而地方上的麵包師們，也開始發展出具地方性特色的形狀和配方的麵包。

另一方面，巴黎在1850～1910年間，稱為「Marchand de vin」的店家，開始製作出麵包史上最長的麵包，用於小酒館（Bistro）的輕食（casse-croûte）製作。這個長麵包在最後發酵時使用的發酵成型籃（Banneton）（籐籃）長度達1.4～2公尺。

而其中，1899年曾出現名為「1里弗爾麵包」的記錄。雖然長75公分、重305公克，但仍未被稱作「長棍麵包Baguette」。

即使到了現在，巴黎舊有麵包店（boulangerie）的玻璃櫃上仍可見留著的「Pain français」、「Pain viennois」的字樣。

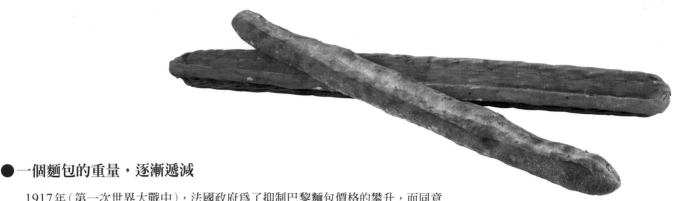

●一個麵包的重量，逐漸遞減

1917年（第一次世界大戰中），法國政府爲了抑制巴黎麵包價格的攀升，而同意將2里弗爾麵包的重量再減少100公克，以取得麵包坊的支持。自此以後，稱爲「2里弗爾」的麵包，意思雖是「1公斤麵包」，但實際上已經成爲重量減至700公克的麵包了。

隨後，Calvel教授在向日本人介紹這個2里弗爾（Deux-livres）的麵包時，教導的麵團重量就是850公克，當時一直百思不得其解，此次試著加以探查其經緯後，終於解答了自己內心的疑問。

在日本，之後介紹法國麵包時，「2里弗爾Deux-livres」這樣的名稱，不是以麵團切分重量簡易命名，而是用於以完成的製品重量命名，這個部分就是到目前爲止所敘述的歷史經過，最後成爲700公克的原由，希望大家都能確實瞭解認識這樣的歷程。

接著，直到1921年，從麵包公定價格表中的日常麵包（Pain courant），可以發現4里弗爾（2公斤）的麵包消失了，取而代之成爲主力的是2里弗爾（1公斤）的麵包。接著在花式麵包（Pain fantaisie）中，出現了300公克的長棍麵包（Baguette）（1921年8月22日）。而相較更細的細繩麵包（Ficelle）也被記載是「100公克的長棍麵包」。

價格上，相對於日常麵包（Pain courant），1公斤爲1.1法朗，而300公克的長棍麵包（Baguette）就要價0.6法朗，將其換算成每1公斤單位價格，即是高2法朗。但也由此可以知道日常麵包（Pain courant）的價格，受到相當程度的抑制。

根據1935年專業麵包師Dufour的著作，提到長棍麵包（Baguette）是300公克長80公分。看到這裡，想必麵包師們都會思考著，所謂「80公分的成型」非常困難吧。

在第二次世界大戰時，誕生了1里弗爾（500公克）的麵包，被命名爲Parisien。這原本是「巴黎的麵包」意思的Parisien（形容詞），但在日本長期被錯誤解讀，它並非「巴黎之子」的意思。

此外，根據某些記錄，1950年巴黎的麵包比例結構上，60公分的Gros Pain（大型麵包）占6%、700公克長90公分的麵包占47%、300公克長80～85公分的長棍麵包（Baguette）占47%。由此可知，麵包尺寸的主流從曾經的4里弗爾、2里弗爾這樣的大型麵包，轉變成小型、細長的形狀了。也就表示大型切面的開面三明治（tartine）已從餐桌上漸漸減少了。

1960年，在巴黎250公克的長棍麵包（Baguette）已經受到認可。隨著人們對於麵包食用的減少，每個麵包的重量也隨之降低。地方上，2里弗爾的麵包，到了1960年時，實質上已經變成400公克，這是因為1955年在法國西部的麵包坊開始的強化攪拌法，迅速地在法國境內推展的結果，可以想成因其產生異常膨大的體積，而使得麵包重量因而減少。

藉由攪拌機使勁地揉和，使體積膨大的麵包在烘烤後，柔軟內側（Crum）顏色驟然變白，雖然與灰分較少的麵粉製作的Pain blanc（白麵包）意義上不同，但也被稱為「Pain blanc」。由改良劑廠商所推廣的此種製作方法，在法國境內廣泛傳開，就是大量使用維生素C的成品。

●思索麵粉與麵包製作方法

1930年代，嚴格禁止在麵粉中使用漂白或改良劑。其他國家雖然使用，但法國人有著對麵包的特殊堅持，並不認可使用化學製品。再加上，以直接法利用長時間發酵製作的麵包，決不可能難吃，因此這段時間被稱為「長棍麵包Baguette的黃金時期」。

註）W值→P.180

更甚者，二次世界大戰後，小麥品種改良的演進，自1950年開始出現了麵筋強度和W值都很高的麵粉。

註）法國國立製粉學校→P.46

在這樣的背景下，1954年受到懇切邀請而來，傳授法國麵包的Calvel教授（負責法國國立製粉學校的麵包製作）到訪日本。教授之後也數度回訪，除了發表新的麵包製作方法外，同時也介紹了本書當中也有提到，並不是一次完成攪拌，而是在過程中休止靜置5分鐘兩次的攪拌方法（攪拌5分鐘後休止靜置5分鐘、再攪拌4分鐘後靜置5分鐘、再攪拌3分鐘。第一次發酵4～5小時）。

法國，從1960年前後開始，麵包品質突然一夕下滑，為此Calvel教授憂心忡忡地為法國麵包界敲響了警鐘，並持續提出了自我分解法（Autolysis）和發酵麵團（Pâte fermentée）法等建言。

註）根據居住在巴黎的松浦惠里子小姐表示，「Banette」品牌的麵粉，賦予了維護製作方法的義務，由4位品質管理負責人巡視各加盟店，以定期進行確認檢查。委託此品牌的麵包師過去很多，但在迎向21世紀的現今，新世代不委託品牌，自立而為，因此加盟店有減少的傾向。

1970年起，業界為了回復過去的水準，兼顧專業麵包師的勞動條件與麵包品質，活用了最新機器的同時也開發了新的麵包製作方法。粉類製作公司為了能製作出傳統的長棍麵包（Baguette），其中以名為Unimie的粉類製作集團為首，於1982年在歐洲發表了「Banette」品牌，接著其他製粉公司也追隨其步伐。1986年有Les grands moulins de Paris的「Ronde des Pains」、1988年有Antell Farine的「Copaline」、1990年Moulins Soufflet Pantin的Baguépi、Meunier de france的「Festival des pains」，還有1993年Minoteries Viron的「Retrodor」等，不斷地出現新的研發產品。其中「Retrodor」的開發，與洛斯提克麵包（Pain rustique）單元中提及的Gerard Meunier先生，有著密不可分的關係，詳情請參照P.58、156。

1994年，巴黎市內開始有了長棍麵包的競賽，還有些年輕的專業麵包師（Artisan boulanger）也在此時漸漸展露頭角，這個時期巴黎的麵包與過去相比格外美味。

　　巴黎的早晨，有著塗上奶油剛出爐的長棍麵包，搭配咖啡歐蕾的早餐，就足以令人有幸福的感受，正因爲有著美味的長棍麵包，才更能體會「la joie de vivre＝活著眞好，能夠享受如此美味…」。

BANETTE。研發時Calvel教授也提出了建議的品牌招牌

RETRODOR。長棍麵包和紙袋(出了店門口就立即拍攝，之後馬上品嚐風味，這是從1983年開始養成的習慣)

Festival des pains(液種製作方法)的招牌

BAGATELLE。長棍麵包和紙袋(袋子上紅色的標誌就是紅牌標籤(Label Rouge)的圖樣)。

註)紅牌標籤(Label Rouge)：由農業部指導的獨立團體，用於保障優良品質食品的制度，受到認可者才可以使用這個標誌。麵包只有BAGATELLE得到認定，麵粉則有BAGATELLE及其他4家。

BAGUÉPI的招牌(左)。上面是BAGUÉPI的長棍麵包和其紙袋(印有2012年巴黎長棍麵包大賽第一名獲獎的紙袋)

COPALINE的招牌

法國麵包的歷程 其二
～從發酵種 Levain 到酵母 Levure ～

在法國，發酵種(麵包酵母和乳酸菌共生的種)被稱爲發酵種 Levain，而 Yeast (僅有麵包酵母，含極少量乳酸菌)就被稱作是酵母 Levure(Yeast 的法文)。

本章要試著回溯，在尚未有新鮮酵母 Yeast、乾燥酵母 Dry Yeast 時期的麵包，以至酵母麵包的變遷。

●3種酵母 Levure 所構成的歷史

首先，想要說明的是酵母 Levure 也與時代相同地分爲3個階段。

初始是釀造啤酒時集中於上層的酵母，作爲發酵種 Levain 的輔助使用，被稱爲「啤酒酵母 Levure de bierre」。之後，在18世紀末，由穀物精製出酒精時的酵母製作出「穀物酵母 Levure de grain」，當戰爭使得糧食緊縮，利用糖蜜培養出了現代的「糖蜜酵母 Levure de mélasse」。

法國在進入15世紀後，隨著 brasserie(啤酒釀造廠)的發展，使其周邊的麵包坊都能使用啤酒酵母 Levure de bierre 來製作麵包。最初啤酒酵母恰如其分的在冬季爲發酵種 Levain 的發酵帶來助益，但後來就成爲全年使用了。到了1530年時，巴黎的 Pain mollet(添加少許牛奶和鹽的麵團)等小型麵包當中，出現了大量使用啤酒酵母 Levure de bierre 的實例。

只是，也有相當多的人反對麵包添加啤酒酵母 Levure de bierre，因此1667年發生了對麵包坊提出訴訟的事件。審議的紛爭不斷，一直到1670年，在僅有啤酒釀造廠周邊的麵包坊才能使用的附加條件下，得到了認可。

這個時代，消費者並不太喜歡帶有酸味的麵包，添加少量啤酒酵母 Levure de bierre 可以緩和酸味，因此得以普及。雖然麵包坊在冬季寒冷時，發酵種 Levain 的發酵變得更加容易，但在溫度管理上並沒有現代的冷藏冰箱可以使用，所以只能隨時進行繼種，或必須盯著絲毫不能懈怠而別無他法。

進入19世紀後，鄰近的各國不再拘泥於發酵種 Levain 的使用，維也納的麵包師們利用熬煮啤酒花的湯汁和水、粉類，還有糊化的馬鈴薯，進行麵包種的起種。這可能也是日本啤酒花種的起源吧。

由荷蘭穀物製作酒精的廠商，發現其製程中產生的酵母，比啤酒釀造廠的啤酒酵母 Levure de bierre 更適合用於麵包的製作，所以於1780年開始在市面販售。這就是由兩個管道所產生的「穀物酵母 Levure de grain」(來自穀物的酵母)。

法國至1870年代都是以進口方式輸入，維也納擁有酵母工廠的 Springerle 先生，於1872年在巴黎郊區邁松阿爾福(Maisons-Alfort)設立了法國最早的酵母工廠。也多虧了這個工廠，讓法國可以開始在國內自行調度「穀物酵母 Levure de grain」了。

啤酒酵母Levure de bierre因不夠純粹、具苦味且品質極不穩定，但啤酒酵母Levure de bierre不會溶解麵筋，即使經過壓平排氣後，發酵力都不會消失，啤酒花也不會有氣味，保存性更佳。隨著酵母Levure品質的提高，和公司內提出縮減勞動時間的要求，所以僅以酵母Levure來製作麵包的方法由此而生，巴黎的麵包坊至1910年時，即出現了直接法（Straight）的製作方法。

LESAFFRE公司在法國製作新鮮酵母的工廠海報

●大眾瘋狂接受、僅用「酵母Levure」製作的麵包

直接法的前一個階段，是僅用酵母Levure的液種（Poolish）製作法。

1840年（也有一說是1838年），在巴黎的黎塞留大道（Richelieu）上，維也納人Zang帶著維也納的麵包師，於此開設了名爲「La viennoise」的店舖，而店內烘烤了使用優質麵粉並以液種法製作的小麵包，受到巴黎市民瘋狂的喜愛。這個僅用酵母Levure的麵包，被稱爲「維也納麵包Pain viennois」，以區隔法國固有，添加發酵種Levain的「法國麵包Pain français」。

因爲實在太受歡迎，巴黎的麵包坊不得不開始製作這樣的麵包，所以玻璃櫥櫃的窗上會同時寫著維也納麵包Pain viennois和法國麵包Pain français。液種法在開始使用酵母Levure之後，雖然酵母的價格也上揚了，但卻不會有像使用發酵種Levain般發酵失敗的狀況，甚至可以從維持發酵種Levain活性的辛苦中解脫。所以理所當然地，潮流就是傾向於使用酵母Levure。只是當時，麵包必須經過長時間發酵，仍被視爲理所當然，也無法突然就變成短時間的直接法，因此這個時期，直接法製作的麵包應該是非常美味的。

Calvel教授在1954年首次來到日本時，發酵時間是4～5小時，教授最初的書上也記述著「使用新鮮酵母Yeast 0.3～0.4%，夜晚9點左右作業後放置，就能在翌日早晨完成烘焙，可以使風味品質更好，並延遲老化」。此時，因戰爭導致穀類不足，所以進入到第三個酵母Levure的時代。

●發酵種Levain，該如何理解它？

接著讓我們試著來瞭解發酵種Levain的另一面。1778年出版Parmentier的著作中，提及麵包的發酵是由以下三者而來，「Levain de pâte、franc levain、levain naturel」。

非常可惜，現在的我還不具有能正確說明此三者不同的能力。

但是，可以明確指出的是，記述中提及的這三種都是沒有添加酵母Levure的製作方法。

Calvel教授的書中，亦曾屢屢提及Levain de pâte在正式揉和階段，若添加必要量以上的酵母Levure製作時，就不能稱之為發酵種麵包（Pain au Levain），而是成為Levain de pâte，如此與Parmentier先生文章的落差，讓教授為此煩惱了一年以上。

最終的結論，雖然隨著時代而使定義發生改變，但是因為自己沒有Levain de pâte的製造經驗，所以更加難以理解吧。

在日本，發酵種麵包（Pain au Levain）的預備作業，並非每天預備上百公斤。每天也僅預備1次，並且只要有冷藏庫，就相當易於管理，所以對Levain de pâte的製作方法也不會有特別的想法…。

正如這些原因，Parmentier先生的書中，對發酵種麵包（Pain au Levain）和Levain de pâte的記述如下，在此將最原本的內容介紹給大家。

Levain chef的倍量粉類，再加入與其相對應的水分，揉和至變硬，製作第一種又稱「一番種」（premier levain），熟成4～6小時。即使是待至熟成，也仍不是使用於正式揉和的成品，但家庭內主婦們的烘烤則可使用，亦無妨（因為要求家庭主婦與專業麵包師進行相同困難的作業本就不合理）。

接著是第二種（second levain）使第一種變得更為柔軟的作業。較第一種的熟成時間短。3～4小時。

第三種是完成種（levan tout point），使完成時具有相當分量。熟成時間為2小時。夏天使用的是正式揉和麵團的1/4量、冬季至少需使用1/3。因為有這樣的三個階段，無論種的酸味多強烈都會消失。對於各階段的發酵種Levain，無法有明確既定的法則（作業、分量、時間等）。因為這些會受到季節、氣溫不同而有大幅影響。例如，一年當中有3個季節天候狀況良好，發酵種Levain熟成都能順利進展。但到了冬天，若沒有藉由人為溫室等，無法得到良好結果。

Levain chef，是由當日預備作業的最後麵團中，分取出麵團，加入足夠的粉類和水，揉和至堅硬，放置12小時使其熟成。

這樣三階段式的發酵種麵包Pain au Levain沒有酸味，可以製作出最佳的麵包。但也因使用尚未完成熟成的發酵種Levain，而醞釀出較過去發酵種麵包Pain au Levain更加優良的製作方法。這就是Levain de pâte。

首先分取出小的Levain chef，將其溶化在大量的水中，與粉類混拌，製作第一種又稱「一番種」。當種呈現出與「麵團＝pâte」狀態近似時，可以製作出較平時發酵種Levain更多的預備麵團。相較於平常熟成度較低、體積非常膨大的種，所以能製作出低熟成、體積膨大的麵團。

像這樣，於現代實踐了被Parmentier先生大力讚揚，Levain de pâte製法的就是「Pain Virgule」（請參照P.91）。

●法國「發酵種麵包 Pain au Levain」的定義

法國「發酵種麵包 Pain au Levain」的定義非常明確。

根據 1993 年所製定的 décret pain（麵包的政令），僅以麵粉與裸麥粉起的發酵種，所製作的才可稱為「發酵種麵包 Pain au Levain」，其他的材料（例如像是葡萄乾或水果、蔬菜等）起種製作的麵包並不能稱為「發酵種麵包 Pain au Levain」。這只要思考麵包的起源，應該就可明白了。

另外一提，曾經我糾纏著詢問 Calvel 教授，有關於浸泡葡萄乾液體起種製作發酵種 Levain 的事，當時尚未仔細閱讀教授的著作。教授擺出了受不了我的表情，說道：「你在製作使用麵粉的麵包時，為何要用水果中得來的酵母呢？」

當時真是茅塞頓開。

雖然在法國也因為起種容易、且不會失敗，因此採用葡萄乾種來製作麵包的例子很多，但這樣的麵包，在法律上是不能稱為「發酵種麵包 Pain au Levain」來販售的。此外，最近世界盃麵包大賽（Coupe du Monde de la Boulangerie）的規定中，也增加了「發酵種麵包 Pain au Levain」的製作項目，假設日本代表選手用葡萄乾起種的發酵種 Levain 來製作發酵種麵包（Pain au Levain），那麼就違反了比賽規則。像法國這樣的麵包之國，大家必須要有以法律明確定義的認知。

發酵種麵包（Pain au Levain）隨著酵母 levure 麵包的增加而衰退。在專業麵包師幾乎都放棄發酵種 Levain 之後，1998 年開始，又出現了回歸發酵種 Levain 的態勢。大家可以由被稱為「Fermentolevain」的液種管理機器熱賣，應該不難理解，以人力起 Levain chef 的麵包師極為少數。

而且，一旦進入機器化後，無論哪一種麵包都會有發酵種 Levain 的風味，發酵狀況也會往酵母 levure 推移。

正如 1778 年 Parmentier 先生的著作中所提，發酵種 Levain 與酵母 Levure 的併用自古已然成形。

顛覆麵包發酵的根本，是人類智慧所無可及，即使其中有若干的差異，但無論是過去或現今，專業麵包師們考量的重點其實也都是相近的吧。

圖中所描繪的是 300 公克的長棍麵包 Baguette 吧

以年表檢視法國麵包的歷程

西元前 10000 年　　**開始小麥原種的栽植。**

古代文明始於人類與小麥的邂逅。小麥起源於底格里斯河、幼發拉底河流域的美索不達米亞（現在的伊拉克）。生長於乾燥氣候的土地上，從各式各樣的植物中，被人類挑選出來的小麥，就是「栽植」之始。

西元前 9000 年　　**從接壤伊拉克，土耳其安納托利亞高原的 Cheyenne 遺址中，發現了原始的農具（鹿角內側嵌入銳利石塊、鐮刀）和石臼。**

西元前 5000 年　　**小麥傳入古埃及而有了長足的進化。開始了發酵麵包的文化。**

埃及、尼羅河流域不斷氾濫的土地，正適合小麥的栽種，濕熱的氣候也能滿足「發酵麵團」的條件。至此的無發酵烤麵包，因麵團偶然產生的野生新鮮酵母作用，開啟了人類「發酵麵包」的大門。

發酵麵包的文化經由古羅馬傳到歐洲。

西元前 3600 年　　**歐洲出現了發酵麵包（瑞士 Twann 遺跡）**

在高緯度的法國，至西元 1000 年左右已栽植了斯佩耳特小麥（Triticum spelta）、裸麥、大麥。斯佩耳特小麥（Triticum spelta）是適合長時間寒冷貧瘠土地的作物，也適於保存。裸麥也適合種植於貧瘠土地或高地，在法國很常見到混合種植並收穫的混合麥（méteil）。但裸麥隨著時代而逐漸被小麥所替代，至 11 ～ 12 世紀後，小麥和燕麥有所增加。

進入 12 世紀時，巴黎盆地因斯佩耳特小麥栽植困難，而進行了品種改良。

無視於小麥不利病蟲害，而且栽植上需要花費時間，全力進行改良的原因，有很大的因素是來自於農耕道具的改良，與牛馬等開始用於農耕。

改良過的小麥能製作出「長麵包」，進而使巴黎達成世界矚目的特異進化。在法國悠長的歷史中，小麥麵包作為上等麵包，其重要性大增並成為主流，

南特(Nantes)早市看得到
斯佩耳特小麥的麵包(Pain
d'epeautre)

這樣的展現蘊藏在其他國家所看不到的長麵包(只有用小麥麵粉才能製作出的麵包)之中。

小麥麵包雖然最初是以富裕階層為導向所製作,但至少在13世紀以後,已然成為都市居民們最喜歡的麵包了。

※斯佩耳特小麥(Triticum spelta):法語是épeautre。古代種小麥。因具有黏著性穎苞(glume)包覆著,即使碾麥去殼都非常不易,但也因此適於保存,只是製成粉類需要較長的作業。

西元前1世紀～西元後1世紀　**利用啤酒釀造中的泡沫(mousse)作為麵包種。**

大麥啤酒(cervoise),當時上層發酵法製作啤酒過程中的泡沫(mousse),富含豐富的酵母,將其利用作為麵包種,在古代羅馬的普林尼(Plinius)所著「博物誌」當中曾經提到。還記述"因此相較於其他國家,這裡的麵包更是非常輕盈"。

不知是否因為後來受日耳曼統治而中斷,法國至中世紀都是以levain naturel作為麵包的發酵種。啤酒釀造時頂層的泡沫,就是用於levain naturel的發酵輔助上。

※法語當中「啤酒酵母」稱為Levure de bierre。

※法語當中「大麥啤酒的酵母」稱為Levure de cervoise。

※此時已知收集上層發酵法啤酒頂層的酵母了。

630年　**達戈貝爾特一世(Dagobert)國王首次訂定了麵包販售的規則。(出自Calvel教授)**

這是為了安定人心,而訂定主食的麵包種類與價格。在法國很早就開始取締囤貨或銷售上的不當行為,以政府權限取締麵包的製作及販賣。對管理階層而言,管理作為人民主食的麵包品質和價格的最佳方式,就是使其安定,這是比什麼都重要的政策。

794年　**麥類價格和麵包最高限額由國王所訂定。**

根據歷史學者Francoise Desportes的著作「中世的麵包」指出,這一年法蘭克國王查理曼大帝(Charlemagne),各別規定了小麥(是燕麥的4倍價格)、裸麥、大麥、燕麥販售價格的上限,以及由這些粉類製作的麵包價格。

795年　**麵包的製作和販售規則由國王制定。**

根據Philippe Viron著作的「VIVE LA BAGUETTE」提到,這一年正值飢荒,查理曼大帝首次制定了麵包製作與販售規則(與630年達戈貝爾特一世國王所制定的項目,不能確定有多少差異)。

11～12世紀　**利用村內共同麵包烤窯,烘烤各家的麵包。**

因人口的增加,形成了村里。在村里間首先會建設教會,再建立製粉所和麵包烤窯。人們將麵團帶至烤窯,由Fournier(負責烤窯者)進行烘烤。烤窯離家較遠者,也會在Fournil(烤窯場)進行分切、整型,若烤窯尚有其他作業時,就必須在烤窯場等候。家庭主婦在家不時

地用穀物揉和成麵團，因此麵包的體積其實並沒有那麼重要。

1200年左右　**麵包師開始取得麵包烤窯的許可。**

在這之前，麵包烤窯是領主所有，當時的國王菲利浦‧奧古斯（Philippe Auguste）（1165～1223）發給了麵包師的烤窯許可。此時，巴黎周圍的村里合併後，人口有顯著的增加，所以麵包坊也更爲重要。

13世紀中期　**在德語圈，開始栽植使用於釀造啤酒的啤酒花。**

這點其實衆說紛紜。包括：「1079年啤酒花的使用記錄」、「啤酒花栽植是12世紀以後」等各種說法。

13～16世紀　**農民製作的麵包開始在都市販售。**

1315年　**政府當局以麵包製作測試來制定麵包的價格。**

1315年開始至1860年爲止，爲了瞭解麵包坊的利潤，政府當局進行麵包製作測試，由計算麵粉製成後的數量，來制定麵包的價格。

1342年　**因食鹽被課以重稅，因此添加食鹽的都成為高級麵包。**

麵包的風味以發酵種Levain的酸味就非常足夠了。

14世紀中期　**根據Calvel教授所述，這個時期，制定了以下3種麵包的品質。**

1) 白麵包（pain blanc）：柔軟內側是白色的麵包（也就是優質的小麥粉麵包）

2) 灰麵包（Pain bis-blanc）：柔軟內側介於白麵包和褐麵包中間的顏色

3) 褐麵包（Pain bis）：柔軟內側是褐色的麵包（也就是灰分較高的小麥麵粉）

註：在Viron的書記載著這3種麵包，
是在路易14的時代。

現在仍有商店販售著
褐麵包（Pain bis）

14世紀開始至1740年，法國禁止小麥在石臼上碾磨兩次以上。因此製粉的良品率（步留率）爲極低的30～50%。被除去的麥麩用作豬隻的飼料（摘自法國國立製粉學校Claude Willm Amicale就職總會演講語錄）。

註）Amicale→P.38

3個種類的麵包顏色，取決於麵粉的碾磨方式。小麥在石臼上僅碾磨1次，用細網篩過篩的白色優質麵粉，用於以皇室、貴族或富裕階層取向的麵包。其次是將石臼間隙調整得較白麵包用粉更狹窄，製作出較多量的麵粉，以此製作出灰麵包。再來是間隙更小，碾磨出高灰分（顏色較深）的麵粉，所製作出的褐麵包共3種。

法國從昔日，就有麥麩中所含的植酸（Phytic Acid）有害人體之說，由此可推測出富裕階層對麥麩的嫌惡。當時麵包柔軟內側的顏色，正足以反應社會階層，白色麵包代表著富裕階層。

1419年	無關乎小麥價格的變動，決定麵包的販售以里弗爾（500公克）為單位，麵包坊的販賣台上也開始放置磅秤。

1530～1570年	巴黎的專業麵包師，開始將啤酒酵母Levure de bierre使用於添加了少量牛奶和食鹽的高級小麵包（pain à la reine）中。

1533年	凱特琳·麥迪奇（Catherine de Médicis）嫁給亨利二世（Henri II de France）。

1667年	反對使用啤酒酵母Levure de bierre的人們對麵包坊提出訴訟。

1670年　認可了啤酒酵母Levure de bierre的使用。

經過了長時間的審查，限於啤酒釀造場（brasserie）附近，以重視其鮮度為其附加條件，認可了啤酒酵母Levure de bierre的使用。但當時的麵包種發酵基底，還是由發酵種Levain為基礎。

※brasserie原本指的就是啤酒釀造之處。另外也指附近可飲用新鮮釀造啤酒的啤酒屋。

1673年左右　荷蘭的安東尼雷文霍克（Antonie van Leeuwenhoek）利用顯微鏡發現了酵母。

出生於荷蘭台夫特（Delft）的雷文霍克，本行是裁縫師，並非學者而是業餘愛好者。以其自製的顯微鏡持續觀察出許多人類史上最早的重大發現，並將其速記與報告寄至倫敦皇家學院。

1742年　義大利學者貝卡利（Beccari）發現麵粉中的麩質（Gluten）和澱粉。之後史特拉斯堡（Strasbourg）的學者成功將其分離。明確解答了麵粉與麩質量的關係。

1778～1840年　在巴黎富裕階層的居住地，以"長笛Flûte"為名的麵包熱賣。

居然是長笛Flûte麵包。雖然沒有劃切割紋的可能性很高，但或許可以說與現今長棍麵包（Baguette）有所淵源也說不定。

1880年的銷售量不斷攀升，不僅是在富裕階層也逐漸朝庶民居住區不斷擴展。此時，長笛麵包是1里弗爾或2里弗爾，據說拿破崙3世也很喜歡這樣香脆的表層外皮。

1778年　帕門提爾（Antoine Augustin PARMENTIER）的麵包書出版。

「Le parfait boulanger」。右側照片是復刻版。

此時，不斷地有麵包書籍出版。
Poul Jacques MALOUIN所著的「Art de la boulangerie」（1767年）
DIDEROT et d'ALEMBERT 著的「Encyclopedie」（1768年）
上述的第一本書是醫生也是科學家的Poul Jacques MALOUIN所著，第二本如同百科全書般。

這些書籍將家庭與麵包坊相異的麵包介紹給大家。MALOUIN寫道：「巴黎消費者喜歡表層外皮較多的麵包」，Parmentier則是寫道「圓形麵包已無法消除特殊麵包的存在了」。

18世紀也被稱爲是「百科全書時代」和「光世紀」，是知識、教養開明的時代。百科全書中仍保留著精密的插圖與文章。

1780年　　　　**皇家農業研究所的Cedet de Vaux創建了麵包製作學校（l'Acdémie Royal d'Agriculture école de boulangerie）。**

但因法國大革命而於1793年廢校。

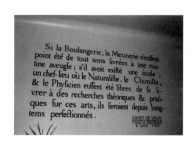

Calvel教授所在的法國國立製粉學校大廳牆壁上，記載著關於Cedet de Vaux的文章。

巴黎的多芬大道（Passage Dauphine）第12號店，販售可頌。

據說是瑪麗・安東妮（Marie Antoinette）於1770年嫁給後來的路易16，當時由維也納一起傳至法國可頌的製作方法。但最初是用加糖麵團，製作出新月型的麵包。巴黎的麵包師們將奶油折疊，製作成千層酥皮可頌，是在1914年開始。

在荷蘭開始了新鮮穀物酵母（levure de grain）的販售。

由穀物製作酒類的生產過程中得到的穀物酵母levure de grain，有著遠高於啤酒酵母Levure de bierre的品質（發酵力強、沒有苦味、沒有不純物質），並輸出至法國。

之後1846年左右，因奧地利維也納酵母Yeast品質提高，更有優良的麵包製作性，且能製作出品質穩定的成品。另一方面，也有縮短勞動時間的課題，巴黎的專業麵包師研發了使用酵母Yeast的麵包製法，直接法醞釀而生。但因爲鄉下仍重視麵包的保存期，所以直接法並沒有深入地方。

1789年　　　　**民衆襲擊巴斯底監獄。暴發法國大革命。**

7月14日因經濟危機導致麵包價格飆漲與不足問題，民衆襲擊巴斯底監獄。這一天就成了法國革命紀念日。

法國大革命之後，廢止了鹽稅，鹽價也減價至14分之1。

1791年　　　　**法國大革命之後的憲法制定會議，認可「麵包和食用肉品」的管制價格權限，交由地方自治來決定。**

法國大革命前的巴黎，汲取塞納河水販賣的汲水商人必須要將水搬運至公寓的頂樓。木村尚三郎「巴黎」（文藝春秋出版）的著作中，曾經記載當時約有4000名的汲水商人。

1834年　　**專業麵包師入門書中出現了「割紋Coupe」的記述**

專業麵包師Vaury在「專業麵包師入門書」當中，出現最早記述使用刀子在Flûte上劃切出割紋的方法（亂刺Scarification的割法）。

尚未形成日後長棍麵包上的割紋狀，此時的割紋大致是格子狀的菱形、或交叉十字割紋、或是臘腸狀saucisson的割紋。

1845年專業麵包師Grelot使用刮鬍刀片劃切割紋。

1838年左右　　**在巴黎，最早開始販售「維也納麵包Pain viennois」，眾所矚目。**

現在的黎塞留大道（Richelieu）29號變成了出租辦公室。

在巴黎第2區的黎塞留大道（Richelieu）29號，名為Zang的奧地利人帶著6位維也納的麵包師，開設了名為「La viennoise」的麵包坊。在店內熱賣的Pain de Gruau（優質麵粉的小麵包）和可頌，廣受好評。Pain de Gruau完全不使用發酵種Levain，而且是法國最早使用液種法製作。

表1

根據1840年11月22日的政令（l'ordonnance Delessert）

日常麵包（Pain courant）和花式麵包（Pain de fantaisie）的區分

日常麵包（Pain courant） Pain de consommation courante	花式麵包 Pain de fantaisie
日常麵包：重量	不以重量販售而以1個為銷售單位的麵包
・4里弗爾（2公斤）、長60公分的Boule（圓胖狀麵包） （形狀是Pain fendu或後來劃入各式割紋Coupe）	・4里弗爾（2公斤）80公分的麵包 ・2里弗爾（1公斤）的麵包 ・重量在2里弗爾（1公斤）以下的麵包
因富裕階層以外的消費者需求，是大且便宜的麵包，因此麵包的重量被嚴格管制，放上磅秤測量，若重量不足，會切下其他麵包片以補足重量。	作為日常麵包（Pain courant）以外的類別而設立。因其長度以及香脆（croustillant）的口感特徵，使得無法將它們分類至日常麵包（Pain courant）中。

摘自：Emile Dufour著作「TRAITÉ DE PANIFICATION」

明確地規定並認可花式麵包（Pain de fantaisie）不以重量而以1個（條）來販售。

此時名為2里弗爾Deux-livres的麵包實際上只有800公克，而卻仍直接以Deux-livres（1公斤的意思）之名進行販售。甚至到了1917年，第一次世界大戰時，政府為了抑制麵包價格的攀升，進而認可巴黎的麵包坊將2里弗爾Deux-livres的麵包重量再減100公克。當時銷售2里弗爾Deux-livres麵包的比例很高，因此2里弗爾Deux-livres麵包的重量減少，就能抑止麵包全體價格的上揚，也因此挽救了麵包坊的生計。

這樣的麵包，為了與之前法國以發酵種Levain製作的麵包區隔，因而稱為「Pain viennois」（維也納麵包），原來法國的麵包則稱為「pain français」（法國麵包）。

1840年　1840年11月22日政令認可「花式麵包Pain de fantaisie」類別，此類的麵包不以重量，而以1個作為販售的單位。

此時「pain de consummation courante＝日常消費的麵包」是指2公斤、60公分的麵包。但麵包重量相同的2公斤，長80公分時，就不歸於日常麵包（Pain courant），而成為花式麵包（Pain de fantaisie）。花式麵包（Pain de fantaisie）的類別當中還包含2里弗爾（1公斤）的麵包，和1公斤以下的麵包。

花式麵包雖然被註解為「具變化風格」，但相對於日常麵包Pain courant的平價，花式麵包Pain de fantaisie有相當高的比例是「增加食用樂趣的麵包」，以此重點會更容易理解。

即使同樣是2公斤的麵包，長型的被歸類為花式麵包（Pain de fantaisie）的原因在於，越長燒減率越高，而為了能符合麵包重量的規定制度，就必須增加麵團重量，對麵包坊而言就是增加成本，而且整型上也更花時間。因此無法將其歸類為價格與成本相近似的日常麵包（Pain courant）種類中，所以將它們納入麵包坊可獲利的花式麵包（Pain de fantaisie）範疇吧。

富裕階層，有相當高的比例是因為喜歡長麵包表層外皮的香脆口感。

此外，2里弗爾Deux-livres的麵包原本是1公斤的意思，但實際測量時僅800公克左右。實際800公克卻名為2里弗爾的麵包，也因為被認可以1個為販售單位，所以雖然是以麵包重量命名，2里弗爾的名字也還是直接保留下來。雖然因為麵包重量不足而抗議的聲浪不絕於耳，當局也只能睜隻眼閉隻眼吧。

只是，之後會提到，到了1917年政府為抑制麵包價格的攀升，所以認可巴黎麵包坊的2里弗爾麵包重量再減少100公克，自此以後，2里弗爾的麵包變成了700公克。

1800年代後半　1800年代後半，鄂圖曼帝國在巴黎建設供水工程前，巴黎市民的水源是流經鄉鎮的塞納河河水。

1850～1860年　**巴斯德（Pasteur）證明了麵包酵母發酵的結構組織。**

1864年　**巴黎巴斯底廣場一隅，首間啤酒釀造所「Bonfinger」，可以直接喝到生啤酒的德式風格啤酒屋開業了。**

之後，1870年因法國與俄羅斯的戰爭，大量的亞爾薩斯人逃入巴黎，巴黎的啤酒釀造場也於此奠定了基礎。"啤酒釀造所"的增加，將其釀造過程中頂層的泡沫（mousse），用於輔助發酵種Levain麵包發酵的麵包坊也隨之增加。

1867年	此時，雖然法國人口中有4分之3是農民，但農民們自古以來都是烘烤pain de menage（家庭自製麵包）。這些農民們爲了在市場販賣小麥賺取收入，麵包大多以自家生產的裸麥或其他雜糧製作而成。更爲了重度務農時能飽腹耐餓，所以都製成堅硬的麵包，能存放多日非常重要。決不會在剛出爐時食用（會吃得太多），待其變硬後食用才是勤儉持家的方式。

1870年	巴黎早餐食用小麵包或花式麵包的人大爲增加。女性配送員早上5點半開始進行麵包的配送，蔚爲巴黎街頭風景。

1872年	**巴黎近郊，開始設立法國最早的新鮮酵母工廠。** 在維也納附近經營新鮮酵母工廠的Springerle男爵，在巴黎郊區邁松阿爾福（Maisons-Alfort）建設了法國最早的新鮮酵母Yeast工廠，生產穀物酵母（Levure de grain）。此酵母迅速地普及至鐵路所至的各大城鎮。

LESAFFRE公司的海報（里爾Lille近郊的Marcq-en-Baroeul），LESAFFRE公司生產酵母，始於1873年。

法國最早的酵母工廠海報

1873年	**德國的林德集團發明了阿摩尼亞冷凍機。**

1875年	酵母公司的小手冊上記載著「發酵種Levain的麵包預備作業時，加入少量的酵母Yeast是爲了安全的必要作業」。

1879年	**維也納開始將滾筒（Cylinder）製粉的新技術引進法國。**

1883年	**嘉士伯Carlsberg研究所的Emil Christian Hansen發明了分離啤酒酵母，再將其培養的純粹培養法。** 之後啤酒製作中植入培養酵母成爲可能，也有了穩定的品質。在此之前啤酒是採用自然發酵法，所以品質極不穩定。

1900年左右　　麵包坊的勞動時間，出現每週超過80小時以上（每天11.7小時）的記錄。

從半夜的1～2點開始，一直工作至每天中午過後。在地下廚房的柴火煙霧、炎熱以及粉類飛散的環境下工作，被稱爲「白色礦工」。加上一直以來麵包坊的麵包重量常被懷疑偷斤減兩，因此風評很差。至13世紀左右，被稱作是「掛牌詐騙師」。

1905年　　出現了2公尺的MARCHAND DE VIN。

推出輕食的店稱為MARCHAND DE VIN，而用作輕食的麵包也以此命名。巴黎仍可看見當時留下的招牌

1908～1909年　　用手揉和作業確實是重度勞動，因而開始導入機械化的攪拌機。

比較用手揉和與以攪拌機製作的麵包，110公斤的麵粉2袋用手揉和時，證實會減少麵包師500公克的體重。1904年在巴黎擁有攪拌機的麵包坊僅10間。消費者對於「機器製作的麵包」抱持著不信任，攪拌機的機械化難以推展，但1914～1918年第一次世界大戰時，麵包師受徵召入伍，男丁不足的情況下，攪拌機因而普及。

以手揉和時用的和麵團槽Petrin。在攪拌機問世前，和麵槽極為常見

1912年　　麵包業界，書面記錄直接法麵包的鹽分為1.5%。

爾後，食鹽至1950年左右，逐漸增加至1.8%，白麵包盛行和爲了補救麵包風味的低落，而增加至2.1～2.2%。（最近在醫學團體的告誡下，又有從2.2%降至1.8%的傾向。）

1914～1918年　　第一次世界大戰期間，直接法廣為流傳。

較圓形麵包更易老化，爲了購買新鮮的麵包，每日必須去麵包坊1～2次。在這樣的背景之下，就必須考量到麵粉的麵筋量及品質的提升。Chopin的團展性測定（Alveograph）中W值低（請參照P.180）的麵粉，難以使用於直接法。

1917年　　2里弗爾Deux-livres（1公斤）的名稱不變，取得政府的許可以700公克販售。

第一次世界大戰的混亂期間，政府無法提升麵包的價格，但麵包坊的經營困難，因此，在巴黎將2里弗爾的麵包重量減少100公克，以抑制整體價格的攀升。自此2里弗爾仍延襲其名，但重量都成爲700公克重的麵包了。

1919年　　此時，糧食不足狀況嚴峻，以穀物爲原料的新鮮酵母Yeast生產困難，穀物酵母Levure de grain也改爲使用以甜菜蜜糖爲原料的蜜糖酵母Levure de mélasse來代替。

1920年左右	在巴黎，發酵種麵包（Pain au Levain）呈現衰退。正式將1里弗爾訂定為500公克。

1921年   **8月22日麵包價格表上，出現了「300公克的長棍麵包Baguette」。**

300公克的長棍麵包（Baguette）價格是1個0.6法朗。日常麵包（Pain courant）的麵團單價是1.1法朗／公斤。此時的細繩麵包（Ficelle）也以「100公克長棍麵包」的名稱上架。

1932年   **巴黎第6區謝爾什-米迪路（Rue du Cherche-Midi）上Poilâne創業。**

歷史學家Steven Kaplan在1962年初次到訪法國時，偶然在Poilâne購買到不是圓形大麵包（Miche）而是巴塔麵包（Bâtard）。據說，至1969年Poilâne仍製作巴塔麵包（Bâtard）。

1935年   **Emile Dufour在「TRAITÉ DE PANIFICATION」一書當中，曾標示了當時巴黎的麵包重量、長度和粗細。**

順道一提的是1里弗爾的長棍麵包是300公克、80公分。

切面外圍是15公分的粗細（麵團重量是430公克）。

「TRAITÉ DE PANIFICATION」
E.Dufour（1935年）

表2　製作方法與麵包名稱

	製作方法	麵包名稱
1	不添加酵母Yeast的Levain de pâte法	pain français
2	添加酵母Yeast的Levain de pâte法	pain français
3	液種法（Poolish）	Pain viennois
4	只使用酵母Yeast的麵包（也稱直接法）	Pain viennois
5	使用酵母Yeast中種的麵包	Pain viennois

摘自：Emile Dufour著作「TRAITÉ DE PANIFICATION」

1935年Dufour的書中，曾有依當時巴黎及其週邊麵包與製作方法進行分類的記述。

用酵母Yeast製作的麵包稱為Pain viennois，Levain de pâte（無論是否有添加酵母levure）製作的麵包則稱之為pain français。

老化較慢的依序是發酵種Levain的麵包、其次是液種法（Poolish）的麵包，最後才是直接法的麵包。

LA BOULANGERIE MODERNE

各種發酵成型籃
（banneton）

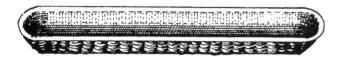

2里弗爾的Marchand de vin用發酵成型籃

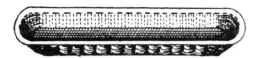

80公分普通2里弗爾用發酵成型籃

80公分1里弗爾的長棍麵包用發酵成型籃

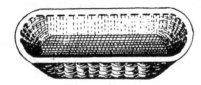

4里弗爾麵包用發酵成型籃

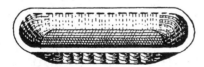

短的2里弗爾用發酵成型籃

圓形大麵包（Miche）用
發酵成型籃

王冠麵包（Couronne）用
發酵成型籃

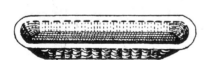

1里弗爾的巴塔麵包用發酵成型籃

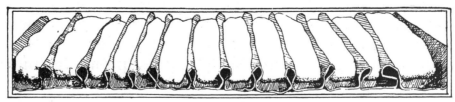

藉由Couche（麻布）進行最後發酵的麵團

插畫：轉載自Raymond Calvel「現代法國麵包全書」

表3 1930年代的巴黎麵包

名稱	麵團重量	烘烤時間	成品重量	長度	斷面圓周
	公克	分	公克	公分	公分
4里弗爾Livres（2公斤）					
Fendus	2,250	40～50	2000	55～60	51
Boulots	2,250	〃	〃	60～70	46
Saucisson	2,250	〃	〃	60～70	43
Fendus Marchand de vin	2,300	〃	〃	110	－
2里弗爾Livres（以此為名但實質只有700公克）					
短的2里弗爾Livres	900	20	700	50	32
Couronne	900	〃	〃	－	－
Ordinaire	900	〃	〃	80	24
Marchand de vin	940	〃	〃	110	19
1里弗爾livres（以此為名但實質300公克）					
短的1里弗爾Livres	400	18～20	300	30～35	28
巴塔麵包Bâtard	400	〃	〃	50	23
長棍麵包Baguette	430	〃	〃	80	15

摘自：Emile Dufour著作的「TRAITÉ DE PANIFICATION」

關於這個表格，有附加以下的注意內容。
花式麵包烘烤後的重量，是以規定重量經過6小時後亦不會減少為原則。
被稱為1里弗爾的麵包「長棍麵包Baguette」是300公克，被稱為2里弗爾的麵包是700公克。
未被分入花式麵包4里弗爾的日常麵包，販售時會在顧客面前量秤，若有不足則必須補足其重量。

再現1930年代的巴黎麵包（右下書本中的照片）

4里弗爾Livres（2公斤）

2里弗爾Livres（實際700公克）

1里弗爾Livres（實際300公克）

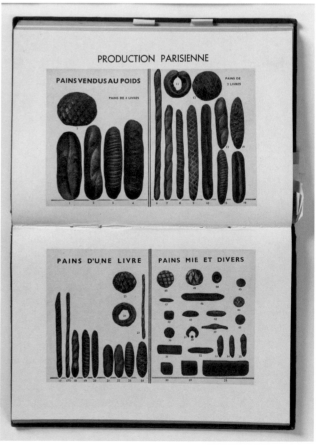

翻攝自：「TRAITÉ DE PANIFICATION」

1939〜1945年	第二次世界大戰。

1945年左右	命名為Pain Parisien（巴黎的麵包），1里弗爾（500公克）的麵包就此誕生。

1947年	LESAFFRE公司研發了Active dry yeast（活性乾酵母）。 日本於1996年開始販售。

1948年　Nuret與Calvel教授共同著作「LES SUCCÉDANÉS EN PANIFICATION麵包製作中的替換方案」出版（左邊照片）
Marcel Arpin著「HISTORIQUE DE LA MEUNERIE ET DE LA BOULANGERIE製粉與麵包坊歷史」（右邊照片）

1950年　此時開始有白色的食鹽。
此年秋季後，第二次世界大戰時受損的酵母工廠復工，終於可以穩定提供新鮮酵母了。

1952年　Raymond Calvel著作的「LA BOULANGERIE MODERNE」出版。
日文版「正統法國麵包全書」於1970年由山本直文、清水弘熙譯パンニュース社（PANNEWS）出版（已絕版）。

1950年代中期　此時，消費者開始期待新的麵包，在都會區鄉村風格裹上粉類的圓形麵包開始熱賣。另一方面，鄉村裡卻發展出長棍麵包。
在巴黎，1950年出現名為鄉村麵包Pain de campagne的種類，開始流行。令人費解的是鄉村麵包Pain de campagne的數量不減反增。1967年Calvel教授在業界怒稱它為：「撒滿粉類的喬裝麵包」此言論引起廣泛討論。

1955年〜　具白色柔軟內側且體積膨大的「白麵包Pain blanc」登場。
最初的契機是在法國西部南特的麵包坊Avail。當時雖然仍是以Levain de pâte的製作方法，但攪拌時間較長，會使得酵母Yeast變多，第一次發酵時間非常短，或者甚至是零，但相對地最後發酵時間很長。麵筋組織充分連結，體積非常膨大，割紋面也十分延展，外觀很漂亮，內部顏色特別的白且氣泡均勻，而且麵包重量輕。相較於平時的Levain de pâte，不但酸味消失、味道也變淡了。藉由這個攪拌機強化法（méthode de pétrissage intensifie）使麵包的柔軟內側變得雪白，所以稱之為「白麵包 pain blanc＝白色的麵包」。
幾年後，改良劑廠商為了更加強攪拌強化法的效果，推出使用添加大量維生素C改良劑的製作方法，在法國境內爆發性地擴及各地。在1920年左右，麵包的體積倍增（順便一提，1920年代的麵包比重是0.25），割紋均勻漂亮，外觀變成「美女」等級的這種「白麵包」，消費者和麵包坊趨之若鶩。幾乎不需進行一次發酵，結果是大幅延長了最後發酵的時間。連續進行以往分成幾次的攪拌，而使得難以用昔日使用的發酵成型籃，進行最後發酵，所以從這個時候開始，變成使用墊布間隔來進行最後發酵。

這樣的白麵包表層外皮很快地軟化，麵包也沒有風味，很快地消費者就厭棄了。Calvel教授很早就已經指出這種麵包的問題，但仍無法防止麵包消費量的下滑。

不久後1980年，Calvel教授在BOULANGER PATISSIER雜誌中發表了以「快且美好vite et bien＝快、漂亮」為題的論述。其中介紹了使用無添加豆粉（Feve）的麵粉，藉由發酵麵團（Pâte fermentée）法、自我分解法（Autolysis），改良攪拌的製作方法（以適度的攪拌，進行發酵，不求製作出「雪白」，而是回歸「奶油色」的柔軟內側）。南法的製粉集團Unimie也開始發揮作用，1982年Unimie集團在歐洲推出了只要利用適當的攪拌，就能製作出具奶油色柔軟內側，法國麵包全球性概念的「Banette」品牌。之後各粉類製造商，也不斷地往同樣路線推展。

1959年　　　**政府認可花式麵包的價格調升。**
此時正值二次世界大戰後的混亂漸歇之際，因生活水準的提升，受歡迎麵包價格的調漲，也能得到消費者的認同。

1960年　　　**許可製作250公克的長棍麵包。**

1960年代　　至1960年為止，麵包坊的租金是以相對生產麵包的數量來支付，所以作業敏捷及潔淨程度（快且美好＝vite et bien）成為職業資格的重要因素。

1964年　　　Raymond Calvel教授著作「Le pain et la painfication QUE-SAIS-JE ?」出版
日文版「麵包」山本直文譯　白水社文庫版

麵包消費擴大活動的推廣海報（1960年）

1967年　　　**第一次EUROPANN（國際麵包糕點製作機械展），在巴黎北展館（Paris Nord Villepinte）舉行。**

1970年　　　**公定價格長棍麵包從300公克變成250公克。**

1973年　　　**LESAFFRE公司開發出Instant dry yeast。**

1974年　　　**在日本開始銷售Saf instant dry yeast紅標、金標商品。**

1977年　　　**此年的正式文件中出現了「鄉村麵包Pain de campagne」的名稱。**

只是，這個名稱在1950年左右就已經廣為使用了。中世開始專門製作麵包的農家或是以此為副業的農家，會由鄉村（campagne）將麵包運送至城鎮的市場販售，但當時尚未冠以「Pain de campagne」的名稱。已經厭倦無味白麵包的消費者，轉而選購都會麵包坊所製作的Pain de campagne。

1979年   **麵包的M.O.F.（法國最優秀的工藝職人）誕生。**

1980年   **Raymond Calvel教授發表「Fermentation et panification au levain naturel」。**
「法國的麵包技術詳論」（Calvel著パンニュース社（PANNEWS）：1985年出版）翻譯了78～105頁的內容。不可思議的是，比這更早Calvel教授在1952年的「LA BOULANGERIE MODERNE」中，並沒有記述發酵種麵包（Pain au Levain），僅記載了實用性製法的發酵種Levain de pâte而已。此書出版的1952年當時，所有真正的發酵種麵包（Pain au Levain）都已經在市面上消失，是酵母Yeast麵包的全盛時期，非常不容易才能介紹Levain de pâte的製法吧。
Calvel教授雖然在1980年時發表了發酵種麵包（Pain au Levain）的技術報告，但在6年前，應DONQ之邀來日期間，起種了Levain chef並且非常成功。雖然教授在法國是研究利用小麥麩皮的浸泡液（富含野性酵母），起種Levain chef的方法，但在日本時無法在短時間內取得這些，所以試著利用手邊既有的法國麵包專用粉，和裸麥全麥麵粉來起種，而有意想不到的成功。本書當中，是依此方法，進行Levain chef的起種（請參照P.80）。

1983年   **巴黎第19區Orque大道上Gerard Meunier麵包坊開業。**

摘自「巴黎麵包坊指南」パンニュース社（PANNEWS）（1984年）

1985年   **Raymond Calvel教授著作「法國的麵包技術詳論」清水弘熙譯 パンニュース社（PANNEWS）（已絕版）。**

1986年   **Raymond Calvel教授的友好聯誼會「Amicale」在法國巴黎起步。**

1987年   **Gerard Meunier先生促使VIRON公司製作無添加改良劑的麵粉，進而使用。**
這種麵粉，就是後來的Retrodor（1990年取得商標登記）。

1987年 　　　**1月1日起，完全廢止麵包公定價格。**

當時，巴黎的長棍麵包是2.7法朗。在此之前1978年，雖然曾經一度自由化，但因石油危機所以麵包工會加以規範制定。其後幾經轉折，終於完全自由化。因公定價格制度造成缺乏競爭力，自由化之後，麵包品質也隨之朝向符合消費者需求的方向前進。

1988年 　　　**LESAFFRE公司研發出Semi dry yeast。**

日本於2000年開始販售。

1990年 　　　**Raymond Calvel教授著作「LE GOÛT DU PAIN」出版。**

日文版「麵包的風味」安部薰譯パンニュース社（PANNEWS）（已絕版）。

1992年 　　　**在EUROPANN會場開始有「世界盃麵包大賽Coupe du Monde de la Boulangerie」。**

日本隊在1994年第二屆時參加。

1993年 　　　**頒佈Le decret pain麵包法令。**

9月13日頒佈的法令，以愛德華‧巴拉迪爾（Edouard Balladur）總理為名，被稱是「巴拉迪爾法令」。

規範關於法國傳統麵包（雖列舉3種名稱，但無論哪種意思都相同）的基準，或發酵種麵包（Pain au Levain）的定義，作出劃時代的明確規範。以下稱之為「Le decret pain麵包法令」。（詳見P.40、41）

1994年 　　　**開始長棍麵包Baguette的比賽。**

烘焙程度、風味、香氣、外觀、內側的五個項目，由15位評審來進行評價。長度60～70公分、重250～300公克。

1995年 　　　5月16日Saint-Honoré（麵包的守護神，聖多諾黑）日，Fête du pain（麵包節）的開始。

1998年 　　　**回歸發酵種麵包Pain au levain。**

2002年 　　　2002年世界盃麵包大賽（Coupe du Monde de la Boulangerie）日本隊首次獲得優勝。

資料：le decret pain（麵包法令）

1993年9月13日關於麵包的法令（decret）。其中規範關於「法國傳統麵包」、「發酵種麵包 Pain au levain」的定義。將「麵包法令 le decret pain」的原文要點記述如下。

1） 法國傳統麵包

關於法國傳統麵包：

「pains de tradition française」
「pains traditionnels français」
「pains traditionnels de France」

以上名稱，或是這些排列組合的名稱，在製作過程中，不包含冷凍作業、不使用添加物，僅用製作麵包用的麵粉、飲用水、食用鹽、製作麵包用的酵母 Yeast 及發酵種 Levain（天然或植入被許可之微生物者）、以及作為輔助劑的蠶豆粉 ※、大豆粉 ※、粉末麥芽、麵筋、作為技術輔助劑的 α 澱粉酶（Amylase），才允許添加於麵包中。（根據布魯塞爾委員會，決定關於傳統及可考量之食品。292/97/CE）

規定如上。但 ※ 標記者，雖然是單純的從昔日沿用至今才被允許，但其實作為麵包的輔助劑而言並不適當。

2） 發酵種麵包 Pain au levain

在法國1993年「麵包法令 le decret pain」之前，1977年的「法國麵包習慣法 Le recueil des usages des pains en France」中，曾有發酵種麵包 Pain au levain 的定義。雖然這並不是法令，但卻成為取締的標準（其他也有關於 Pain de campagne、Pain de seigle、Pain complet 的項目）。這個習慣法當中，稱之為「發酵種麵包 Pain au levain」，指的是僅使用粉類、水、鹽、發酵種 Levain，完全不使用酵母 Yeast 製作而成的麵包。但在1993年的「麵包法令 le decret pain」當中，在正式揉和時添加0.2%以下的新鮮酵母 Yeast 是被認可的。

「發酵種麵包Pain au levain」的定義在「麵包法令le decret pain」的第3章、第4章。以下引用。

第3章：僅利用下個章節第4章定義的發酵種Levain製作的麵包，pH值最高4.3，柔軟內側的醋酸含量最低為900ppm。

　　或許大家會覺得滿足這個基準，酸味會很強，但這個數據只是標示出以乳酸菌與酵母共生發酵種Levain的條件。

第4章：發酵種Levain是麵粉和裸麥粉，或是此兩種粉類之一[※1]和飲用水混拌的麵團，也有添加食鹽的情況，引起酸性的自然發酵。發酵種Levain的目的，是使麵團能確實產生發酵[※2]。發酵種Levain的微生物，主要是乳酸菌和酵母。

　　關於[※1]，即使用葡萄乾等水果、蔬菜等起種的發酵種Levain來烘焙麵包，在法國也不能以「發酵種麵包Pain au levain」的名稱販賣。另外從[※2]的文意當中可知，日本的酒種、啤酒花種，以酵母增殖為主，在法國也不能冠以發酵種Levain之名。
　　更甚者，

認可在正式揉和時，添加0.2%（相對於粉類總量）以下的麵包製作用新鮮酵母Yeast。販售時，必須在最終成品上標示「發酵種Levain」的比例。若占25%以上時，必須明確記載發酵種Levain的材料。25%以下時，只需要標示添加物即可。

有如此之規定。以上「發酵種麵包Pain au levain」的定義，在布魯塞爾的EU委員會中被視為過於嚴格，現在僅在法國國內實行此法令。

仁瓶利夫所見
1）日法的法國麵包現代史

Calvel教授在日本的功績

昭和29年（1954年），初次訪日的
Calvel教授

將正統法國麵包帶入日本的Calvel教授，初訪日本是在昭和29年（1954年）
的事。

以「國際麵包糕點製作技術講習大會」（由食糧タイムス社（TIMES）的中山全
平先生企畫、東京パンニュース社（PANNEWS）共同主辦）的主要講師身分受邀
前來，從該年的9月29日起至12月2日爲止，2個月共計在日本全國17個城市進
行了20次的示範演講。雖然有告知每個場次入場固定人數爲100人，但最後熊本會
場兩天共計400人參加，刊載在業界報紙「PANNEWS」上，合計參加者應該超過
2000人。

那麼，這個時期的日本人是什麼樣的反應呢？

翌年「PANNEWS」以法國麵包故事的方式，將這2個月包括演講的整合內容與
報導，逐一記載。

「以講師身分訪日的法國籍Raymond Calvel先生所指導的法國麵包，與過去一直以
來的麵包有著非常大的差異，若說這是日本麵包業者過去前所未見，也不爲過吧。」

意思是我們現在慣常見到的法國麵包，在Calvel教授初次訪問前，是日本從未見過的，那麼究竟是哪裡又有什麼不同呢？

報導Calvel教授最初訪日的講習會預告，及其迴響狀態的報紙「PANNEWS」。昭和29年8月16日(上)，與昭和29年10月25日(下)

「當時，真的非常可惜，很少人確實理解這種特殊麵包的價值，某會場中還有人表示『那樣的麵包到底哪裡好呢？那就像是我家學徒烤壞的一樣。』也不是不能理解。因為確實是很不一樣的麵包…」

所謂「不一樣的麵包」，就是因為表層外皮的硬脆吧？相信一定有很多人都覺得這就像是小學徒烤壞的，有著厚硬表皮的麵包。

但是報紙上也同時報導，因此被法國麵包所擄獲的麵包師，新宿的丸滿麵包坊豐留滿助先生，在東京會場聽過演說後，立即試著挑戰法國麵包，還得以在Calvel教授留在東京的最後一天與他會面。

被教授點出：「內部看起來還好，但烘焙方法不行」，之後追隨至橫濱會場，再次請教授確認他的麵包。

之後，每天不斷地進行試作，連製粉公司都留下「努力地想販售法國麵包專用粉而認真生產」。這樣的記錄資料。

這些是昭和30年的報導，但報紙下方廣告欄，有著日本製粉、日清製粉兩個公司的法國麵包專用粉廣告，日本製粉是「赤松印和㊥富士印」，日清製粉則是以「法國麵包，是以本公司的雀印60%、NUMBER ONE 40%的比例最適合製作（在東京這款最受好評）」來介紹。

直到昭和44年，日清製粉研發出LYS D'OR為止，都是以混拌綜合方式來經營。

報紙上還有以下的內容。

「製粉公司為何會對法國麵包產生興趣呢。這理所當然是因為原料。過去以來麵包用粉都是加拿大的粉類最佳，幾乎都仰賴國外生產的硬質小麥作為原料，但法國麵包，是低筋麵粉為主，以日本國內生產的主要用粉即能獲得充分的原料。不僅以國家政策的觀點來看，由製粉公司的經濟層面著眼也是極為有益，若這款麵包得到一般大眾喜愛，不僅是整個麵包業界，包括製粉、日本糧食輸入問題等，都會產生巨大而良好的影響，這樣斷言也不為過。」

姑且不論製粉公司的意圖，這位豐留先生要求共同發行業界報紙パンニュース社（PANNEWS）的西川多紀子社長表明：「就PANNEWS所知，豐留先生是Calvel教授直接傳授的正統派」，並且公開豐留先生的法國麵包製作方法。

據此而有以下內容：

吸水是赤松7、牡丹3時為62％、雀6、NUMBER ONE 4時是61％，依粉類不同加入65％。新鮮酵母Yeast 1％、鹽2％。直接揉和法。

揉和完成時的溫度是22～23℃。揉和時間，以普通低速攪拌，當粉類為3公斤時攪拌7～10分鐘。第一次發酵3～3.5小時，中間發酵後40～45分鐘。秤重（分割的意思）後約靜置10分鐘。1個的重量40錢（150公克）、粉100錢（375公克），4個。

整型時，每個麵團以製作普通橢圓餐包的長度再加上1/3，整型成細長形狀。再將其靜置40分鐘，但並不是放置在烤盤上，而是將麵粉袋等鋪放在箱內，撒上粗粉後擺放麵團靜置。但若只是擺放會導致相互沾黏，所以要用布巾將其一個個區隔開。

大約靜置40分鐘後，用撒上粉類的平杓取出（製作出1支約可盛放3個左右的大型平杓）。

取出麵團時，因麵團柔軟，若用手會無法取出，所以必須用長方形的板子加以輔助。

用刀子在表面彷彿削切表皮般地劃入，於其上輕輕刷塗水分至水分滴落至平杓的程度。

法國麵包的要領，絕對是烤窯。底部較高的石製烤窯，蒸氣能加以流通的才是正統的烤窯，但現在只能用儘量接近這樣條件的烤窯。240～250℃以下絕對無法烘烤，所以必須注意熱度。在此溫度以下，麵包會回軟。在烤窯的兩端放置裝了水的吐司模型，使其產生蒸氣。

西川社長在別的記述中也曾提及Calvel教授的研習會，內容如下。

進行實地製作，日本麵包技術所的FUJISAWA窯，並不是長棍麵包Baguette用的烤箱，所以沒有產生蒸氣的裝備，只能用水濕濕報紙使其產生水蒸氣地進行製作。

西川社長最初並沒有和Calvel教授見到面，當時不斷聽到日本麵包業界的中流砥柱們，表情興奮地表示「太厲害了，太了不起了。第一次講習會結束後有什麼感想呢，那麼薄的薄膜卻能延展，薄到能透光！」，所以曾寫下：『老實說，作為主辦者之一，作為記者的自己，當時才首次瞭解到「真是這麼了不起的麵包！」』並為之大感驚訝。擔任日本麵包科學會理事、研究所長的阿久津正藏先生也感動地表示：「這才是令人懷念的、真正的法國麵包呀」，並與Calvel教授握手致意。木村屋的木村榮一先生也讚嘆道：「Calvel教授真是不簡單的人物」。

法國麵包在日本展售時，最初製作使用藤藍的是よし与工坊（YOSHIYO）。該公司因為製作藤製人體模型（mannequin），因此立刻回應了DONQ的請託。（插畫出自よし与工坊社長南澤弘先生）

　　像這樣在東京引發如此大迴響，Calvel教授的法國麵包，神戶的藤井幸男先生（DONQ創設者），也同樣對法國麵包有著感激之情。藤井先生出席了大阪和神戶的講習會，烤窯以杯子澆水再烘烤的Coupé法國麵包為主。雖然不清楚東京丸滿麵包坊之後的狀況，但神戶的藤井幸男先生與Calvel教授的接觸，在研習會後仍持續著。

　　Calvel教授在歸國數週後，收到了DONQ寄去的照片。那是以Calvel教授所教導的方法，製作出皮力歐許和可頌的照片，當時教授曾寫下「我收到DONQ製作出美麗可頌的照片，這樣的感動難以忘懷。」

神戶的DONQ與國外船隻抵港的組員們，進行非常重要的資訊交換。前排中央就是DONQ的創設者藤井幸男先生

　　DONQ在講習會之後，不僅是皮力歐許和可頌，也開始販售沒有使用蒸氣烘烤的法國小麵包。更覺在法國學習的重要，因而派遣一名社員從1963年起，至法國研修1年半，並受到Calvel教授的照顧。

　　次年1964年2月，藤井幸男先生初次造訪法國。藉由該社員的翻譯至法國國立製粉學校拜訪Calvel教授。有著如此背景之下，同年9月Calvel教授二度訪日，當時特地繞至神戶DONQ，親自確認自己傳授過的麵包品質是否良好。但實際上，因為使用的麵粉中添加了漂白的溴酸鉀（potassium bromate），連同烤箱，在在都不是適合製作法國麵包的條件。

　　因此，Calvel教授在東京的法國大使館，向商務官提出「希望明年召開的國際展示會能設立法國麵包站。是否可以當場請法國麵包師以法國的麵粉與法國的機器，實際演練法國麵包，提供日本人做為參考」的提案。

　　實際上，這些話是伏筆。藤井幸男先生在此之前，就曾考慮想在神戶‧三宮的自家店內烘烤道地的法國麵包，所以跟Calvel教授商量，希望能協助選定機器、訂購。所以Calvel教授才向大使館提出，在國際展示會時使用整套機器設備（PONS牌重油烤箱、傾斜式攪拌機（Slant Mixer）、長棍麵包整型機（Baguette moulder）、油壓麵團分割機、冷水機等），以展現法國麵包實地操演的提案。

　　決定了國際展示會的實際示範，所以當初由法國進口至神戶的手續，緊急變更為東京。機器的組裝、運送及費用都由DONQ負擔。

　　這些都是直接從當初負責所有手續，已故的Bernard筒井先生口述而得知。會場上的實際示範者，也經由DONQ簽約，當時僅22歲的Phillippe Bigot志願前來。

Calvel教授所任教研究的法國
國立製粉學校(École Nationale
Supérieure de Meunerie et des
Industries Céréalières ENSMIC)
的簡介。現在已搬遷,外觀也改變了

1969年利用新幹線旅行的Calvel教授

1969年開始販售的法國麵包專用粉「LYS
D'OR」。以象徵傳統波旁王朝家徽的「金
色百合」圖案作為標誌。由Calvel教授
為其命名

如此,國際展示會(1965年)的法國麵包演練,也順利地完成了,但這些機械整套運至DONQ在神戶‧三宮本店南側新設的法國麵包工廠,Bigot先生也前來神戶,成為DONQ職員。

翌年1966年,DONQ首次進軍東京(青山)。當時的烤箱,與晴海國際展示會時進口的同樣都是PONS牌的重油烤箱。法國因電費昂貴,因此不使用電烤箱,DONQ最初進口的也是重油或瓦斯烤箱。

順道一提,我在1971年異動調往的靜岡西武DONQ,使用的烤箱是BONGARD的CERVAP烤箱,因為是瓦斯烤箱無法調整上火、下火,只能全段設定同一溫度的機型。若僅用來烘烤法國麵包還算沒問題,但像日本這樣有紅豆麵包與法國麵包都要一起烘焙時,就有困難了,所以烤箱還是逐漸走向電氣化。

青山DONQ開幕後,用日本的新鮮酵母Yeast製作法國麵包,經長時間發酵,後半的發酵耐性就會產生問題,因此在Calvel教授的忠告下,嘗試進口法國預備發酵型的Dry Yeast乾燥酵母,經過不斷反覆的測試後,在我進入公司的1970年,已完全改以Dry Yeast乾燥酵母來取代使用了。之後直到Instant dry yeast即溶乾酵母(紅)進口之前,一直都是持續使用預備發酵型Dry Yeast乾燥酵母製作法國麵包的時代。

雖然是題外話,但東京櫻新町Brotheim的老闆-主廚明石克彥先生,曾在青山DONQ嚐過令人難忘的美味法國麵包,據說至今即使是他自己的店內,也仍使用當時青山DONQ以預備發酵型的Dry Yeast乾燥酵母,製成的法國麵包。

Calvel教授也提到日本的粉類。當時日本的麵粉都是以美式漂白過的,但這樣的麵粉無法做出Calvel教授所滿意的法國麵包風味。

他以「死人般的白blanc-mort」來形容日本的麵粉,說服了阿久津正藏先生,以及日本製粉公司,放棄了麵粉的化學處理(1965年)。

之後,也同意法國麵包專用粉當中,完全不添加溴酸鉀(法國原本就被禁止)。之後,日本除了法國麵包專用粉之外的粉類,也不再進行漂白加工了。

在我進入公司的前一年1969年,LYS D'OR上市販售,但我還記得在青山DONQ使用的粉類當中,僅LYS D'OR的麵粉袋上有寫著無漂白。在此之後,因為全部的麵粉都是無漂白麵粉,所以也不再有有無漂白的標示,但當時確實是因為Calvel教授的建言忠告,只有法國麵包專用粉沒有進行漂白作業。

如此，從法國難以進口小麥或麵粉的時代裡，儘可能以Calvel教授的忠告爲基礎，不斷努力提升法國麵包的品質，使日本成爲能夠製作出眞正的法國麵包，而整備基礎產業。

根據先前阿久津先生表示，日本在導入國外的麵包時，從來沒有像法國麵包般，進行基礎整備。以法國麵包專用粉、酵母Yeast、麥芽糖漿、烤箱爲首，至機械設備等，逐漸在Calvel教授的建議下實現，並獲得成果。

再加上，1970年日本發起法國麵包之友的聚會，Calvel教授的教導不僅是部分企業的know-how，也是日本麵包業界整體的資產。

Calvel教授每次訪日時，都讓人想更深入與之會談

為了出版「技術詳論」的攝影現場

パンニュース社（PANNEWS）到目前爲止出版過Calvel教授的三本著作。

第1本 是「正統法國麵包全書」1970年

　　原書是1952年（書名爲LA BOULANGERIE MODERNE）

第2本 是爲日本特別執筆的「法國麵包技術詳論」1985年

第3本 是「麵包的風味」1992年

　　原書是1990年（書名爲LE GOÛT DU PAIN）

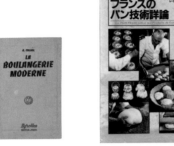
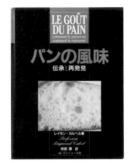

「正統法國麵包全書」　　　　「法國麵包技術詳論」　　　「麵包的風味」

非常可惜的是パンニュース社（PANNEWS）出版的這三本書都已經絕版了。

除了パンニュース社（PANNEWS）之外，Calvel教授的著作還有白水社文庫版所出版的「麵包」，1965年（原書名「Le pain et la panification」1964年）。

「LE PAIN ET LA PANIFICATION」與「麵包」（白水社）

Calvel教授最後的著作是「une vie,du pain et des miettes…」（2002年），Calvel教授友好聯誼會「Amicale」的會長Hubert Chiron先生，說服他將至今理解的龐大資料集結整理而成。第1章「une vie人生」是自述，第2章的「du pain 麵包」是1979～1987年間刊載於「Boulanger patissier」雜誌上的技術報導和論述，第3章「des miettes麵包零星」是Calvel教授明白地將個人見解分享記錄，是一本非常珍貴的書籍。

「une vie,du pain et des miettes…」與其日文版「生涯パンひとすじ 此生麵包一途」

討論分割麵團重量與麵包

Calvel教授「正統法國麵包全書LA BOULANGERIE MODERNE」書中「整型」的章節中，開宗明義地提到了以下的內容。

「整型前，就要使麵團成為已決定重量的麵包一般，量秤重量分割是必要的。」

在日本，往往分割重量會被大家關注討論，但在法國並不販售生的麵團，販售烘烤完成的麵包，因此必須要先考慮想製作成多少公克的成品。

「決定分割麵團重量時，必須考慮烘焙過程中部分水分蒸發所減輕的重量，因應想要得到的麵包重量再加入(烘焙過程中)減少的重量，以進行調整。」
「例如4里弗爾(2公斤)的麵包，麵團約是2200公克或2250公克重。」

在日本，麵包是以每個為販售單位，雖然沒有法國麵包重量的問題，但在法國是以麵包重量決定其價格，以現今為例，250公克的長棍麵包(Baguette)烘烤前的麵團重量，烤得顏色略白的店家，或許僅需要330公克即可。

重要的是烘烤完成的麵包重量，但烘烤方式也會改變麵團的重量。

在日本，雖然屢屢介紹法國麵包有固定的麵團重量等，但決定價格的是當時法令下販售「烘烤完成的麵包重量」，而不是麵團重量。在法國，即使是以每個作為販售單位，也會在店內標示出每個麵包的重量。

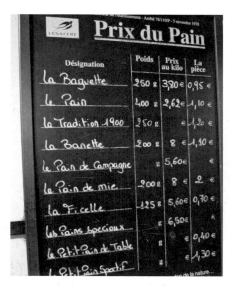

麵包坊入口處標示的價格表。

麵包架上的標示(由照片左側起為商品重量、每公斤的相對價格、商品單價)。

鄉村麵包（Pain de campagne）不是撒上粉類的變裝麵包

1980年（昭和55年），Calvel教授在日本法國麵包之友會主辦的8場法國麵包講習會中，發表展示了鄉村麵包（Pain de campagne）。

之後，將其商品化隨之增加，這也是好事，但其中也有人將長棍麵包Baguette的麵團滾圓、撒上粉類烘烤，就以鄉村麵包（Pain de campagne）的名稱販售、或是添加了不應該出現的油脂成分或奶粉等來製作麵團、又或是未完全烘烤，致使成為橡膠般表皮充滿異味的麵包等，都出現在市面上。

眼見此情況的教授，在1983年訪日時也於講習會中提出警示，同時也將文章投稿寄至業界報社。

所謂的鄉村麵包（Pain de campagne），本是在鄉村製作，食慾旺盛的農民們仰仗的麵包，而且因為他們無法每天購買，所以製作出可以存放數日的麵包，其來有自。這樣的麵包表層外皮厚且口感硬脆，麵包內側則是柔軟且耐於保存。

但是，當時日本的鄉村麵包（Pain de campagne），有些卻是以直接法的法國長棍麵包麵團滾圓，撒上粉類製作而成，Calvel教授曾經就此提出了「鄉村麵包Pain de campagne不是撒上粉類的變裝麵包！」忠告。

報紙上雖然是翻譯成變裝，但其實真正的法文如下：「Le Pain de campagne ou le travesti fariné」。意為「是鄉村麵包Pain de campagne，還是撒滿粉類的喬裝癖？」…使用如此激烈的表達，Calvel教授對現狀感到憤怒。也不能容許將鄉村麵包Pain de campagne的贗品提供給消費者吧。想要怎麼做是個人行為，但像這樣的麵包就請以其他名稱來販售。

即使在歐洲，法國也是特別嚴格遵守麵包定義的國家。對於在這樣國家製作麵包的師傅而言，將這些事情牢記於心地進行製作（販售）是非常必要的。

在日本示範鄉村麵包（Pain de campagne）的 Calvel 教授

Ganachaud先生的發酵種麵包Pain au Levain和裝飾麵包Pains decores

與Ganachaud先生及他的女兒，
於店前

DONQ製作的簡介

閱讀Calvel教授最後的著作「une vie,du pain et des miettes…」（日文版書名為「此生麵包一途」），發現很多事物都是首次聽聞。其中之一，就是過去DONQ招聘Bernard Ganachaud先生，當時居中功勞厥偉的就是Calvel教授，也讓我訝異不已。

在「將法國麵包導入日本」（第2章P.165～Ganachaud記事報導）一文當中，提及此事的來龍去脈。

DONQ對於裝飾麵包（Pains decores）和發酵種麵包（Pain au levain）十分感興趣，Calvel教授因而居中介紹了Ganachaud先生。Ganachaud先生接受DONQ的招聘，於1980年春天訪日停留1個月的時間。其間製作了以發酵種Levain起種的麵包，並且推出了在圓形麵包上以Pate morte（不添加酵母Yeast的裝飾麵包用麵團），作出細小配件，進行裝飾的裝飾麵包（Pains decores）。

DONQ將Ganachaud先生製作的麵包放入簡介中並加以宣傳推廣，但當時來自發酵種麵包（Pain au levain）的醋酸及乳酸的酸味，還無法被日本消費者接受，因此並沒有達到提升業績的結果。

當時與DONQ之間只有進行技術指導1個月，並沒有持續地契約，但Ganachaud先生本身應該是對於在日本發展有其抱負，因此在1983年時與神戶屋接觸，並締結了技術合約。

「他（Ganachaud先生）揮別與DONQ最初接觸時不甚好的回憶，才與神戶屋取得連繫。據他表示，想來應該是DONQ吧，開始在日本販售比16年前的成品[1]更優質的長棍麵包Baguette[2]。」

※1. Calvel教授指導的DONQ麵包
※2. 指的是Flûte gana

當Ganachaud先生在DONQ進行技術指導時，我正在其他分店，並沒能親自見到他。

但在之後1989年至巴黎出差時，偶然的機會下，在梅尼蒙當（Ménilmontant）造訪Ganachaud先生的店時，得知我是DONQ員工，還問我「Yukio好嗎？」，臨別時還給了「petit cadeau（伴手禮）」。

當時，並不知道藤井幸男先生與Ganachaud先生曾經有過的淵源，到現在閱讀了Calvel教授的文章後，才真正理解。當時的一知半解，沒想到卻在之後得到印證和解答，人生真是什麼事都有…。

Poilâne與長棍麵包Baguette

在Poilâne店內的長棍麵包（Baguette）賣得不太好，根據美國歷史學家
Steven Kaplan先生表示，在1969年，Poilâne也製作具有白色柔軟內側的巴塔麵
包（Bâtard）。

第二次世界大戰結束後，長久以來一直吃著粗糙麵包的法國人民們渴望著白麵
包，即使在Poilâne，也販售著使用比圓形大麵包（Miche）更白的麵粉，所製作的
麵包。

Poilâne的著作中，因無法抵抗戰後時代的巨輪，而製作了白麵包，但不久後
即使用傳統製作方法烘焙出的Pain de menage（農家製作的麵包），就是現在的圓
形大麵包（Miche）。

使用石臼碾磨出T70～T75灰分的麵粉（現在也混合了斯佩耳特小麥），雖然
不是全麥麵粉，但也不會太白，是最理想的平衡狀態。Lionel Poilâne先生並沒有
說全麥麵粉的麵包是最好的。使用T70的石臼碾磨粉製作的麵包，更能帶來追求美
食上的樂趣，同時具有令人期待的消化性，是最理想的麵包。

Poilâne的前任社長，曾在媒體採訪時回答：「Poilâne的圓形大麵包，就稱為
Miche」。Poilâne的圓形大麵包（Miche）是從鄉村麵包（Pain de campagne）流行
前就開始製作，在法國是昔日就有的麵包，所以稱之為Miche是正確的。

Poilâne的圓形大麵包，在價格表上標示的是「Pain Poilâne」。也就是
「Poilâne的麵包」。

Poilâne店內商品紙袋的變化。無論是正、反面，都用線條描繪出歷史上的人物、工具、作業景況或穀物等，與時俱進地變化著。

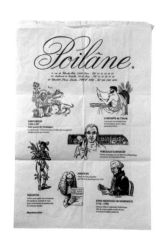

1970年青山DONQ工作教育中習得的事

● 材料預備是約略？還是精確？

1970年夏天，轉職進入青山DONQ的我，首日被交付的工作就是預備法國麵包的材料。話雖如此，但食譜配方並沒有貼在牆上，預備材料記錄表單上有麵粉、Dry yeast乾燥酵母、鹽、維生素C、麥芽、水的用量記錄欄位，因為預備用量的50公斤大致上每天都是固定的，原料用量也僅是將前一天的欄位數字抄寫下來而已。即使是新人也會的工作吧。

晚班是從晚上9點開始上班，每小時進行一次預備作業，至翌日中午前，預備作業大致上會完成。也就是說，僅法國麵包麵團就需要預備700公斤的用量（這一年的除夕夜超過了1000公斤）。

這個時候的材料預備作業，現在回想起來還真是粗枝大葉。麥芽，人家告訴我用布丁杯約8分滿，連重量都沒有量秤。布丁杯若被攪拌機的攪拌爪勾到，自然就會滴流而下。

粉類、水都是用100公斤的彈簧秤來量測。預備50公斤用量時，當時量測也沒有必要提高其精確度，但之後到了超市、百貨公司內的駐店麵包坊（Instore bakery）時，也依同樣方式量秤並使用，就嘗到了失敗的苦果。

在駐店麵包坊內預備的用量最多是5公斤。即使預備材料用量是原來的10分之1，仍然用1個刻度100公斤的彈簧秤來量秤粉類和水分，麥芽則是用刮杓捲舀起來投入攪拌機中，所有預備材料都用這樣約略的方法來進行，所以烘烤出的法國麵包表層外皮立刻就回軟了。

實際上，若是試著確實量測，就會知道放入了倍量的麥芽，因較早出現烘烤色澤因而內部尚未完全烘焙完成就出爐，最後就造成了長棍麵包（Baguette）等，變得垂頭喪氣般，表層外皮迅速地「回軟」。

即使如此，在青山店進行法國麵包的材料預備作業，揉和完成的溫度卻受到非常仔細的叮囑。總是被告誡揉和完成時的溫度一定要是24.5℃。現在隨時都備有電子溫度計，但當時用的是棒狀酒精溫度計，其精準程度，大約是10支同時測量，溫度會有1度以上的差異。使用這樣的溫度計，要控制揉和完成溫度至0.5℃的精準程度，可以說是極不可能的時代。

為何是24.5℃呢。當時LYS D'OR的力道還不如現在，再加上預備Dry yeast乾燥酵母的溶解方法，被教導要於事前先攪拌至其溶化，現在想來如此容易產生穀胱甘肽（Glutathione），會導致粉類強度減弱，也容易造成麵團坍軟。當時並沒有理解這些的麵包師，因此揉和完成溫度過低時，會使麵團無力，所以預備作業完成在24.5℃以下時，就會被斥責。因為25℃會有風味上的問題，所以才是24.5℃吧。

現在的麵粉具有其力度，即使揉和完成的溫度較低，也沒有必要太過擔憂，反而低溫時會有不同於平時的香氣。但一樣會有無力的狀態，這是因為發酵時間太短，所以就必須稍加補救。

2014年Hubert Chiron先生訪日。至1970年代DONQ所在地拍攝紀念照

●好的麵包，來自好的設備環境

在DONQ，法國麵包的最後發酵箱，一直是用附有門的木製品。但若是百貨公司內的店舖，冬季寒冷時期要在廚房內的木製發酵箱管理麵團是十分困難的，最後因而導入了可以設定從最後發酵溫度至冷藏溫度的發酵機（Dough-conditioner）。

如此，不分季節整年都能穩定地進行麵團管理，但DONQ的老師傅們，一向即使在冬季也邊滴著汗、邊進行作業的工作坊，卻深信沒有木製發酵箱就無法做出美味的法國麵包。但在法國，麵包師們也都是在如此酷熱的狀態下工作嗎，不盡然吧。

確實，過去在巴黎的地下工作坊，處在柴薪石窯的熱度和不良排氣的煙霧狀態下，因此不得不赤裸上半身且沾滿粉地進行作業。但如今，雖然由烤箱中取出麵包時也會變熱，但一年四季巴黎的緯度又高於東京10度，在此環境下烘焙麵包，日本應該也沒有必要非在熱得冒汗的作業場所進行吧。

最重要的事，是要避免麵團表面的乾燥。還有麵包師在自我分解過程中，連攪拌機都用塑膠套覆蓋，但如果會乾燥，或許是空調吹出的氣流也說不定，所以只要做到防止乾燥即可。

同樣的，即使在發酵箱內，只要箱內的風扇是轉動的，空氣是流動的狀態，就容易變得乾燥。發酵箱內雖然標示28℃、75%，但並不是只要設定75%溼度就沒有問題了。若是麵團沒有變乾燥，那麼就沒有特別加濕的必要。也就是說，只要麵團溫度不高，就比較不容易乾燥。但空氣一旦流動就會乾燥，所以必須要有防止乾燥的環境設備。

是否能烘焙出好的麵包，其中也要歸功於環境與設備。

在法國的 Pain virgule 所使用的木製發酵箱。曾經
DONQ 也使用像這樣的木製發酵箱

與玉米麵包一起學習

● 躊躇地在銀座嶄露頭角的玉米麵包

1970年代初期，靜岡西武百貨開始烘焙的玉米麵包，最盛時期每天需要準備95公斤左右的材料用量，是款超熱賣的商品。以成品來計算，每日約3000個。占了銷售額的4成，當然也帶來了利潤。

玉米麵包，產自原本只烘焙法國麵包的廚房設備。因為沒有用烤盤，直接放置在石板上面烘烤，所以特別美味。但當時並沒有考慮到這個部分，只是想到要如何在有限的設備中，多下點工夫而已。

隨著預備材料的增加，傾斜式攪拌機（Slant mixer）（法國製斜軸攪拌機。只為烘焙法國麵包的設備，所以攪拌機也僅有25公斤備料用的傾斜式攪拌機）也更容易操作，即使是繁多的數量，也可以利用法國製的油壓分割機（將整塊發酵麵團一次分割成相同重量的分割機器。不需要藉由人力每個進行量秤），更發揮其威力。整型也是不需要花很長時間的滾成圓形即可，擺放在帆布巾上，並以蒸氣直接烘烤（麵團表面因水蒸氣而糊化，烘烤時會因而產生光澤），也沒有必要刷塗蛋液。割紋，在大尺寸麵包上是十字切紋；小尺寸時則僅劃出一道割紋。因此即使單價較低，但卻是作業效率極佳的好麵包。

但1976年11月，銀座三越百貨地下的DONQ駐店麵包坊（Instore bakery）開設時，我卻沒有將此列入店內商品陣容中。為什麼呢？這是因為在靜岡賣得好才帶至銀座，總感覺對銀座失敬。開店後，也曾被說，我的能力只有玉米麵包等等各種蜚語，讓我更加不想將玉米麵包放入銷售。

即使如此，短時間內仍然在腹背受敵、無計可失之下，製作了玉米麵包來銷售。DONQ銀座三越店，是DONQ首次在東京山手線範圍內的百貨公司展店，在公司寄予厚望下開幕，但業績卻未能如期待，反而持續低迷了將近一年。

玉米麵包開始推出時，雖然業績逐漸略為提升，但或許也不光是玉米麵包的原故吧。

● 玉米麵包製作方法意外地困難

當我調職至東京後，靜岡的玉米麵包開始產生變化。在靜岡結婚定居時，住在公寓對面的人總是來購買玉米麵包，調職後偶而太太回娘家，總是會聽到：「你老公調職之後，玉米顆粒都減少了」的抱怨。

再仔細一看，確實減少了。試著向店內詢問之後，才知道在我調職後狀況有了變化，據說是由中央工廠晚班生產後，再運送過來。

在靜岡西武店，花了幾年時間才逐漸增加生產量，因此當時店內的職員們對於玉米麵包的預備製作都非常熟練，但中央工廠負責法國麵包的人員，最初使用加糖麵團、最後混拌玉米粒也無法如預期順利，變成了沾黏的麵團而更加難以處理。雖然不破壞玉米粒地攪拌是製作的重點，但困難的是，要將麵團揉和攪拌至不沾黏為止。如此作業在烘烤後，即使麵包裂出開口也看不到玉米粒。食用時也沒有顆粒感，風味力道不足。但中央工廠的人員們，是以自己方便製作為優先考量，結果就是玉米配方量不減，但卻看不到玉米粒。

由配方來看，就像沒有什麼特別的吐司麵包般，但配方上看不到的部分卻有很大的差別。

中央工廠，之後為了應對玉米粒減少的客訴，因此在配方中增加了50%的玉米。但令人感到諷刺的是，增量50%的玉米麵包和標準配方的玉米麵包，在研究所內同時烘烤試吃，食用過的全體人員，都覺得標準配方的玉米麵包更能感覺到玉米的風味。這個結果顯示了增量50%不具任何意義。

即使是標準配方，要不破壞玉米顆粒地攪拌就已經很困難，若要再更增加玉米顆粒量，會更不容易混拌，若經長時間混拌，在過程中就會將玉米粒攪拌成泥狀，更加陷入惡性循環的困境中。玉米麵包雖然看似沒有多了不起，但實際製作時，卻有出乎意料的陷阱。

● 淡淡甜味麵包的魅力與日本人

1983年，銀座三越DONQ店繼我之後接任的店長，玉米麵包的銷售數量雖然確有增加，但沒想到卻出現了退店之說。因銀座三越店是以年輕客層為主要的銷售群，所以宣布麵包坊也要更新替換。

最後，雖然公司努力化解了危機，但之後就不以DONQ之名，而改成新的品牌名Johan。因此DONQ的製作隱身其下，當然DONQ的玉米麵包也自此打住。

當時，玉米麵包除了靜岡之外，東京地區只有銀座三越DONQ才有販售，因此關店告示貼出時，很多客人都不斷地提出「今後玉米麵包要去哪裡買呢？」的詢問。「東京都內並沒有販賣店….」也只能這麼回答，但在新品牌Johan展店前，因應顧客的要求，百貨公司方面才鬆口決定，只有玉米麵包會持續在新店Johan內販售。

只是，這樣急遽的宣佈，新設店舖的製造組織結構已設計完成，必須以較弱下火烘焙的玉米麵包實在無法納入製作流程中。無計可施之下，只能減量生產，以一日2次的限定出爐起步，但過去DONQ時代的顧客群想買時總是已售罄，所以在不知不覺間烘焙出爐前，就開始有了排隊等待購買的人。

看到銀座的客人排隊等待購買靜岡時代開始烘焙的玉米麵包，沒有想到當時覺得對銀座失敬的麵包，會受到如此的支持，讓我覺得不可思議。

結果玉米麵包，不僅在Johan，更在全國DONQ的麵包坊開始烘焙販售，一直到2012年電視節目的娛樂報導，DONQ販售個數最多的就是玉米麵包。

1972年始於靜岡西武的玉米麵包，即使已歷經超過40年，至今仍然存在且受到歡迎。這個事實，讓我心中複雜感慨。

本來是為了製作法國麵包而進入DONQ。居然用法國麵包專用烤箱烘烤出淡淡甜味的玉米麵包成了第1名。想要以不添加副材料的麵團製作出美味的麵包而努力至今，但結果日本人最能接受的，居然還是添加了副材料麵團的麵包吧…。

發現日本酒與麵包的相似性

開始對日本酒世界產生興趣，是在1981年11月DONQ在新潟的百貨公司內展店時，約有1年的時間我是單身赴任。

當時只是想要將觸角伸展至該地區最有名的酒類品牌，名為「酒‧ほしの」的酒商老闆星野夫婦表示，他們將自己追求的酒類品質委託予大洋酒造的平田大六先生釀造，目前有現品在越後地區，在此之前，我完全不知道「鄙願」誕生的原由。

返回東京之後，偶然閱讀季刊雜誌「四季之味」時，看到稱為貪杯新聞的小評論，其中提及真正的日本酒世界讓我十分有興趣，於是打電話至貪杯新聞發行處詢問「酒‧ほしの」，才知道這是專屬於訂購酒類顧客所寫的文章。一心想要閱讀貪杯新聞，所以一向沒有酒精分解酵素的我，開始向「酒‧ほしの」訂購日本酒。貪杯新聞當中還連載了「鄙願」不為人知的誕生秘密，讓我更加趣味盎然地熱衷於閱讀其內容。

鄙願，每個釀造桶都各有不同的風味及香氣，順勢從平成2年開始活用這個特性，生產出「時分之花」系列，能夠如此地持續發展，是酒商星野夫婦的豐功偉業，也足見其魅力。

日本酒與麵包同屬發酵食品，但任誰都不會覺得這二者相似。與葡萄酒般，以帶有糖分的水果使其發酵不同，雖然米與小麥不同，但同為將穀物澱粉糖化後，使其發酵再行重覆發酵，若以此觀點來看，也可以說日本酒與麵包近似。

以前，貪杯新聞也曾經託我寫過隨筆，當時腦海中浮現的印象是日本酒與麵包的類似性。正巧「酒‧ほしの」寄來了菊姬的山廢吞切原酒，所以如果用麵包來比喻的話，這款酒應該就是發酵種麵包Pain au levain吧，山廢以外的釀造法製作的酒，就像是用酵母Yeast製作的長棍麵包（Baguette），當時就是用這樣的論述推展寫下文章內容。

對我而言理想的長棍麵包（Baguette），是定位在每天食用都不會厭倦的麵包（意外地有很多麵包吃一片時覺得很美味，但每天吃就覺得痛苦），而「酒‧ほしの」的「鄙願」，「不動聲色地似清水般」的酒質，讓人感覺「永遠喝不夠」，如此這般地，我以自己的角度找到了共通點。

無論是日本酒或法國麵包，基本材料幾乎都不含能成為酵母營養的糖分，要如何才能使其發酵至可以讓人感覺美味，這才正是專業師傅們用心良苦的地方，同時也需要長時間。用力在短時間內即刻完成的簡單方法也有不少，但如此卻無法成就出令人感動的風味。都花費了人力來製作，那麼就想要製作出大家覺得吃起來（喝起來）美味的成品。

遇見 Gerard Meunier 先生的收獲

將本書中洛斯提克麵包（Pain rustique）配方介紹到日本的 Gerard Meunier 先生，於1955年3月16日，出生在法國西部羅亞爾河地區（Pays-de-la-Loire）的旺代（Vendée），雙親經營麵包坊的家庭中。

12歲時開始與店內專業麵包師一起製作麵包，成為麵包的Compagnon[※]，28歲時在巴黎第19區Orque大道買下麵包坊的經營權，獨立開業。麵包坊名為「AU BON PAIN DU MENUIER」。

在偶然的機緣下，1983年10月經由Calvel教授的介紹，到訪Meunier先生的麵包坊。因為麵包實在太好了，所以次日深夜1點以後，特別允許我進入廚房，參觀長棍麵包（Baguette）從預備材料至烘焙完成的過程，其中傾斜式攪拌機（Slant Mixer）僅用低速轉動5分鐘稱不上攪拌的攪拌，令人難以置信至今仍印象深刻。

這樣的長棍麵包（Baguette），其美味程度很容易從店內察覺，這個時候，麵包公定價格尚未完全廢止的過渡期，也無法自行將價格提高的時代，因此無論品質多麼良好，價格仍然每一家都相同。

他對當時的麵包製作也有不滿。因為當時沒有生產無添加維生素C或蠶豆粉（Feve）的單純麵粉。

1986年Meunier先生向認識的製粉公司社長Philippe Viron，出示戰前Emile Dufour書中所提及利用攪拌機發酵的照片，提出了「我想要製作出像這樣的發酵麵團來烘烤麵包。所以非常希望能夠有沒有任何添加物的麵粉」。Viron先生當時反問：「真是想要做出法式烘餅（galette）嗎」。意思也就是，不使用維生素C等沒有任何添加的純粹麵粉，烘烤出的長棍麵包（Baguette），會像法式烘餅一樣，成為扁平狀。

但1987年，Meunier先生使用Viron先生送來期望中的麵粉樣品，順利地烘焙出長棍麵包（Baguette）。使用這種粉類製作的麵團，即使發酵3小時也不會過於緊實，也能整型至70公分的長度。

吃到這個麵包的Viron社長，將當時的感想書寫於「VIVE LA BAGUETTE」書中。

「那真不愧是完美！表皮充分烘烤，恰到好處的黃金色澤，而且柔軟內側看得到不規則且狀況極佳的麵包氣泡孔洞…這樣的麵包過去應該是理所當然的…完全是無法比擬的味道和香氣…這真讓我為之恍神著迷」「讓我回想起少年時代美味麵包的風味」。

※Compagnon
傳統的專業師傅研修制度。此團體不只一個，Gerard Meunier先生是歸屬在「Compagnon du Devoir」。在法國各地都有Compagnons的會館，在此共同生活並在各地進行研修。「Tour de France法國巡迴」的制度也很有名。這種獨特的Compagnon制度，在2010年被認可為聯合國教科文組織的無形文化遺產。

巴黎市政府內的Compagnon會館。Compagnon們可以在此集會、用餐及住宿。

Viron先生的少年時期，正値長棍麵包(Baguette)的黃金時代。他更表示「Meunier先生光明正大地向我說明，秘密就在於一份食譜。是二次世界大戰前的配方。」

Meunier先生很誠實的說，如果不是因爲身爲Compagnon一員，有著Compagnon共享的精神，大可私藏這份戰爭前的食譜，麵包美味的秘密永無天日。

當時Viron公司的技術人員Patolis Tirro先生，深夜進入Meunier先生店內學習製作方法，承蒙大家的幫忙終於完成了可以進行傳統製作方法的麵粉「Retrodor」。

1987年Meunier先生改用Viron公司麵粉製作的長棍麵包(Baguette)更受好評，每個月的麵粉消費量高達8.6噸。

— 43 —

DIRECT

La pâte est pétrie à neuf heures du soir et à...

...deux heures et demie du matin, elle présente l'aspect ci-contre.

On remarque parfaitement les bulles qui indiquent le degré maximum de fermentation et qui commencent à arriver à la surface pour éclater.

Pour un homme qui travaille seul, elle est bonne à tourner, après qu'on l'a mise en planches et sans avoir à lui donner un tour.

A 3 heures elle s'est effondrée et un coup de coupe-pâte donné à la cuve indique son degré d'effondrement.

On pourra attendre ce degré de fermentation *si la tourne se fait à deux hommes.* La mise en planches se fait sans resserrer la pâte et la tourne suit immédiatement.

A deux hommes les pains ont été pesés, moulés et allongés, prêts à être fendus, travail exécuté très rapidement.

Un homme

7

Emile Dufour著作中，麵團利用攪拌機發酵的照片。

摘自：Emile Dufour著作TRAITÉ DE PANIFICATION

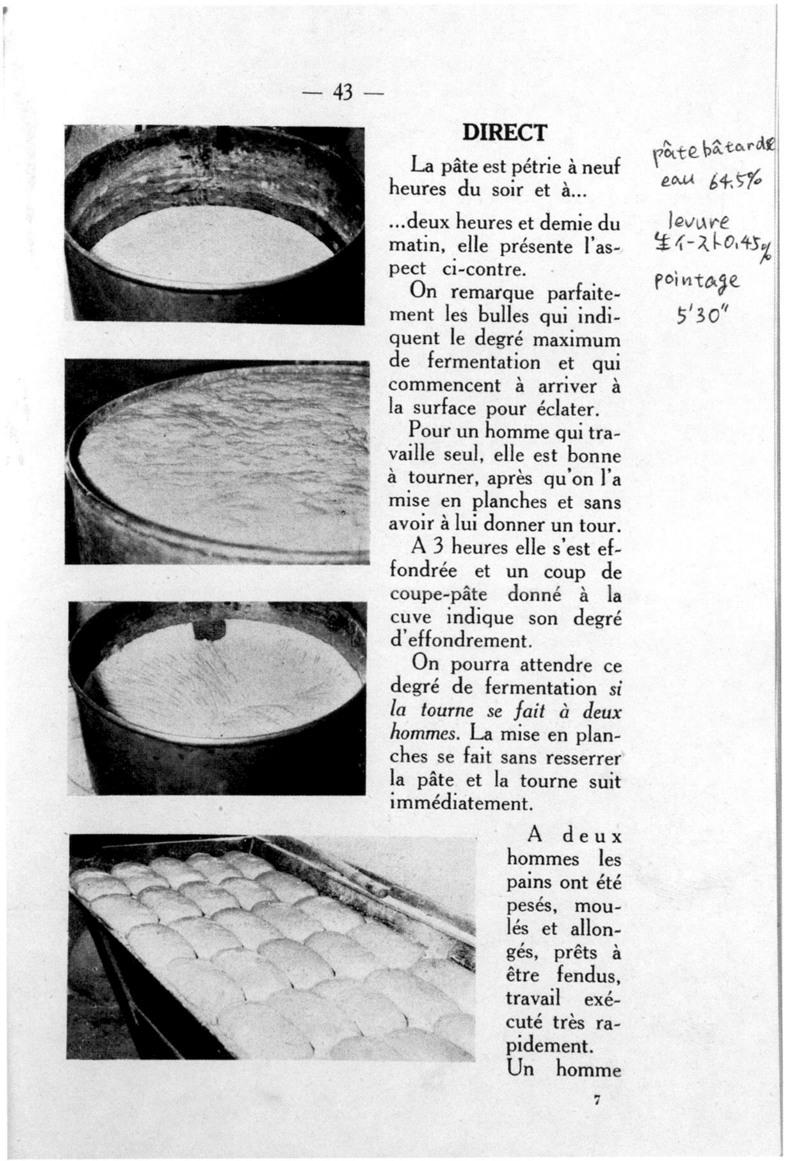

話說回來，1983年當時前往拜訪Meunier先生的麵包坊，是改用Viron公司的麵粉之前，但我記得當時的麵包就已經美味得令人感動了。

3年後的1986年，Meunier先生接受DONQ的招聘，也因爲1983年之緣，「請仁瓶先生去當助理！」而被藤井幸男先生指名。現在回想起來，才發覺這眞是我人生中非常重要的轉捩點。

看到Meunier先生寄來研習會使用的食譜時，卻發現其中沒有2年前在他店內看到的長棍麵包(Baguette)，和洛斯提克麵包(Pain rustique)。如此就失去請他實際演練的意義了。當我到成田機場迎接，坐上車簡單地打過招呼後，立刻直接地提出「爲何沒有Orque店內的長棍麵包(Baguette)和洛斯提克麵包(Pain rustique)呢」。

雖然花了很多時間才完成溝通，但Meunier先生僅給了店內長棍麵包(Baguette)的食譜。

1990年時與訪日的Meunier先生合照。於品川工廠

翌日就在DONQ法國麵包生產線進行社內研習。或許是看到眼前製作法國麵包用機器（傾斜式攪拌機Slant Mixer、分割機、長棍麵包整型機Baguette moulder、木製發酵箱等），Meunier先生因而放下心來，無關初次使用的麵粉，如同在自家店內般開始預備長棍麵包（Baguette）的材料，並烘焙出與巴黎相同的長棍麵包和洛斯提克麵包（Pain rustique）。

當時的配方比例是LYS D'OR 100%、鹽2%、預備Dry yeast乾燥酵母0.6%，不添加麥芽和維生素C，吸水較當時DONQ的長棍麵包（Baguette）麵團更多加4%，使用傾斜式攪拌機（Slant Mixer）低速轉動5分鐘的麵團，烘焙出發酵3小時的長棍麵包（Baguette）和洛斯提克麵包（Pain rustique）。

LYS D'OR力道較現在弱的時代，對於以這樣的配方（沒有氧化劑、吸水較多、不揉和的麵團），烘焙出長棍麵包的Meunier先生，真教人想拍手叫好。

我個人近距離地觀察Gerard Meunier先生的作業，從他身上學習到麵包師的工作，不只是要依照計劃流程進行，而是要邊觀察麵團狀態邊持續進行作業。這樣的事認真說起來，自是理所當然，但當時的我只想著要依循既定的作業流程進行所有的作業，完全沒有工夫去「看」麵團。

我個人覺得這次的見面，讓我的麵包師生涯豁然開朗。

Philippe Viron先生的著作及其日文版

麵包、葡萄酒與自行車

在麵包師間的內部學習會，曾經邀請是律師、同時兼任日本侍酒師協會（Japan Sommelier Association）顧問的山本博先生，擔任葡萄酒研修的講師。

山本先生不僅很快地接受邀請，還體察到我們學習會經費不足的狀況，表示講師費用因是「（正職）休息時間，所以不需要費用」。這是1991年的事。

當天，約1個半小時的演講後，還參與了我們手作感十足的聯誼會（剛出爐的麵包、紅酒以及利用烤箱製作出的菜色）。沒多久，他表示要先離開，我們非常惶恐地拿出了車馬費的信封，他悄悄地把信封還回來，說：「等下不是還有結束慶祝會嗎…」。當時就深深感受到他的灑脫及風範，沒想到之後還有更令人感動的事。

山本先生，有非常多關於葡萄酒的翻譯及書籍著作，但1997年出版的這本『「葡萄酒的常識」與非常識』，對我而言有許多非常衝擊性的內容。因為過去老牌出版社所出版的新書「葡萄酒的常識」內容多有訛誤，因此造成讀者將其視為「正確常識」，而他的這本書就是指出「葡萄酒的常識」書中非常識的部分，並加以註解。不盲從於權威，看似如此「偏離常識」的性格，也能從書中窺得一二，而此事也給予了我莫大的勇氣。

因為目前世面上所有關於法國麵包的事，看到很多街談巷議的內容資訊近乎錯誤，而我也一直想要將其扭轉成「正確的常識」。但這麼做，不管怎麼說都可以預見會引起的騷動。即使如此，還是下定決心，才會有這本書的存在吧。

而當時，會拜託一直沒有交集的山本先生來演講，是經由我所屬，橫濱自行車俱樂部的創設會員之一，與山本先生情同兄弟的朋友所引薦。以自行車締結的緣分也不能割捨。順道一提的是，同樣兼任俱樂部顧問的山本博先生，據說在俱樂部創建當時也是自行車騎士。

南法Sarrian小鎮看到的麵包與腳踏車

在 VIRON 公司的研究室體驗「白麵包 Pain blanc」

1989年11月，我造訪距離巴黎約100公里遠，位於名為夏特爾（Chartres）城鎮，VIRON 製粉公司的研究室（laboratory）。

與 VIRON 公司研究室裡的技術人員聊了一下，才知道是一位曾經在福岡麵包坊工作過的法國人。研究室中並排放了幾台桌上型的傾斜式攪拌機（Slant Mixer），這位技術人員為了我們，預備了以3種不同攪拌條件的麵團，各別烘焙而成的麵包。

第1種是用 VIRON 傳統 Retordor 型（不太揉和，以長時間發酵的傳統長棍麵包（Baguette）製法）來進行材料預備作業；其次是完全相反，用高速轉動15分鐘的強力攪拌，短時間發酵的麵團。最後1種是以日本標準的攪拌（高速轉動約1分鐘左右）的麵團。

令人驚訝的是，強力攪拌下的麵團，在攪拌過程顏色已經變白。如此烘烤後的柔軟內側也應該會變得雪白。

法國T55麵粉的灰分，較日本的法國麵包專用粉高，麵團看起來應該是灰色，但親眼看著麵團變白的狀況，實在令人訝異。因為在日本並沒有如此攪拌過。戰後法國流行「白麵包 Pain blanc」時，因為有別於戰時以含大量灰分製作的「黑麵包」，使得「白麵包 Pain blanc」大受歡迎，我覺得自己終於親眼確認了這個意思。

然後，我還記得這樣強力攪拌製作出來的麵包，真不是普通的難吃。

VIRON公司讓我體驗到白麵包（Pain blanc）的 Schauer 先生

哪個看起來好吃呢？

在法國麵包研讀會中偏離正道

從1990年，公司內開始舉辦法國麵包研習會。最初在5月，為了分發到現場之後的新進員工，舉辦的內容是「法國麵包的基本」研習會，隔年2月再舉辦進階的研習會，雖然是上司下達的指令，但也是公司內部初次的嘗試。

至目前為止，公司內都是參加Calvel教授或總公司大前輩的講座，自己完全沒擔任過講師的經驗，所以在嘗試中開始。當時由於公司裡沒有研習用的研究室，所以向位於川崎的日法商事借用了研究室。

經過2年後，感覺除了新進員工之外，其他人員也有教育的需要，所以企劃了每年10次的研習會。在日法商事研究室負責人宮原倫夫先生的許可下，委託工作人員西田純司先生擔任講師。

研習會的內容以Calvel教授的2種基本法國麵包（3小時發酵的直接法Direct，及發酵麵團法Pâte fermentée，還有做為每個月主題研習的另一種麵包。例如：用螺旋（spiral）攪拌2速，攪拌3分鐘時會如何？或是，麵團在20℃時完成揉和會如何？或是，相反地在30℃時完成揉和時又會如何？像這樣，日常工作中不被允許的事情，卻能利用這個機會測試看看。

這些過程，現在回想起來真是獲益良多。許多事情沒有實際去嘗試，無法預測結果。每個月，帶著趣味在各種條件下製作法國麵包。以特高筋麵粉（SUPER KING）備料製作法國麵包會如何？用紫羅蘭低筋麵粉Violet製作時呢？發酵室溫度若是20℃？或是，相反地調高為38℃呢？

在這樣的「玩心」，與宮原先生、西田先生一起熱衷地進行，作為專業麵包師，現在都成了我的重要資產。在食譜及理論之外的條件下進行測試，就能得到其容許範圍。如果只依照配方或前輩、上司的指示，那麼能累積的技術就不多了。所以試著偏離一下正道，也是必要的（但人生可不能偏離正道）。

實際上，這個研習會中烘焙完3種法國麵包後，進行試吃也是研習的一環。出爐後立即食用，即使再隨便做也感覺很好吃，所以每月的研習會，也包含觀察時間產生的變化。

中午過後至黃昏間烘焙出的法國麵包，以晚餐要招待客人的情境為設定，參加者必須持續吃麵包直到晚上。這個時候，再讓參加者一一發表「現在的心情及將來的抱負！」，大家似乎都說不出什麼好話。

研討會上傳遞的不僅只是技術

有一年，在京都舉辦了社外實技研討會。

因為我的研討會對新產品沒有幫助，雖然經主辦者同意，以長時間發酵的3種法國麵包為研討會的內容，但其中有一名參加者在問卷上只寫了一句「話太長」。

長時間發酵的麵包，無論製作流程如何緊縮，至下個作業間都會空出時間。因此利用這個時間一邊讓大家看關於法國麵包的資料一邊進行說明，但以這個問卷看來主要是針對此作法的不滿。

這次之後，我就在心裡決定不再舉辦這樣的大型研討會。同時決定以後只舉辦話題相通，10人左右的小型研討會。而且這10人由我選出，如此即使溝通不良也就算了。再者，會事先對參加研討會的這10個人提出「事前課題」。只要看了對方的答案，就能知道對方的想法，如此能讓研討會更加順利進行。

例如，提到維生素C時，就會想先掌握大家對於1993年法國的麵包政令décret pain理解多少，因此「事前課題」中會出現一項：「請寫出你所知的décret pain」。即使不知道的人，只要事前查詢也能寫上一點點，如此對我的話題多少就更容易理解。

然而，要交事前課題的實技研討會真是前所未聞，所以這10個人也相當震驚吧。

在公司內，也以年輕技術人員為對象，以10人為單位地舉辦2天1夜的技術研討會，相較於平時的「製作技術」，我更想傳達其背後的意義。

以前為了在麵包坊論壇Bakery Forum（主講人竹谷光司先生）發表，我從パンニュース社（PANNEWS）影印了自昭和29年（1954年）之後，Calvel教授的報導，依照時間序列地整理出食譜配方的改變。

當時也發現了關於藤井幸男先生的報導，再次重新調查後發現，藤井幸男先生追隨並支持著Calvel教授的步伐。於此之前，對他的印象僅於提出離職申請時，在渋谷小酒店2樓對我訓話的老爹而已，以專業麵包師的角度來重新審視藤井幸男先生，看到了與之前完全不同的側寫風貌。真希望在藤井幸男先生有生之年，能現場聽聽他和Calvel教授，當年聯手的所有事跡。

藤井幸男先生，有著想要讓法國飲食文化在日本生根的龐大野心。法國麵包就是其中之一。法國麵包相較於過去，或許確實落地生根了也說不定。但是關於法國

麵包製作的技術和食用方法的提案，卻僅止於研究而未能眞正落食於飲食文化中。我個人深深覺得藤井幸男先生想要做的事，應該並不光是表面而已，所以對於法國麵包的歷史或麵包文化背景更加抱持著興趣。因爲有著這樣的想法而更深入研究後，法國麵包的趣味眞是永無止盡。

實技講習會的午餐必定是麵包、起司和紅酒(左起：Pierre Prigent、藤井幸男先生、Calvel教授、Bernard筒井先生等　1970年)

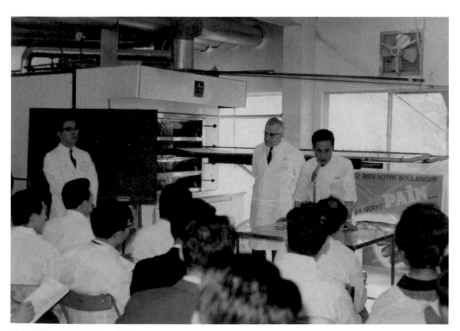

日本講習會的情況(1970年)

造就出追尋法國麵包的男人　仁瓶利夫

我出生於1947年，就是所謂團塊世代之初。因為不擅長唸書，所以從一開始就放棄大學，而進入了神奈川縣立商工高等學校的機械科就讀。會選擇此科系並不是因為喜歡機械，而是從4個學科當中用刪除法，選出來的。

正如原本所想，選擇機械並不是喜歡機械，因此高中畢業後即使進入公司擔任設計業務，總有使不上力的感覺。那段時間正好輪到我負責開發現場事務所的業務，所以經常前往1970年開幕的大阪萬國博覽會的建設現場。

●與DONQ的邂逅

當時萬國博覽會場的中央廣場，就有DONQ的攤位，這是後來才知道的事。1970年萬國博覽會開幕後不久，6月底我離開了工作了5年的公司，7月進入DONQ。

離職時，公司的主管親自慰留我。當時工業正是日本的主要產業，而以在精密機械公司工作了10年以上的主管來看，麵包坊的工作真是無法想像，而且令人擔憂。

實際上，我在之前的2年，1968年時，就曾經在平凡社的雜誌「太陽」（當時是月刊型雜誌）中所刊載，由NADA NADAI先生以「日本見聞錄」為題的時勢評論報導中，讀到關於DONQ的介紹。當中所謂「法國麵包」的名詞我是第一次看到，之後更發現法國麵包的製作是循序且非常有意思的。

即使如此，當時DONQ所在，如今已經成為法國麵包潮起點的青山地區，之前對我而言是無緣造訪的地方，即使是閱讀過文章之後，也沒有想要去店裡看看。但次年1969年，我居住的橫濱元町內，POMPADOUR華麗開幕時，我騎自行車的途中也順道繞過去買，現在仍然記得當時吃到硬脆表皮外層時的感動（也可說我的法國麵包洗禮，是來自POMPADOUR的麵包）。

就這樣，連DONQ的法國麵包都沒有吃過，只是因為閱讀了NADA NADAI先生的報導，就決定我要製作法國麵包，並且因此轉換工作進入DONQ。

青山DONQ，那時是面對青山通，從地鐵的神宮前站（現在的位置已移動）走出地面，立刻就可以看到DONQ的店舖。當時5年間，每天至川崎通勤，說穿了就是工廠勞動者的身分，一下子換到了走在時代尖端引領流行，且華麗店舖林立的另一個世界－青山地區。

面試也速戰速決，還被問道：要看宿舍嗎？當時我還在思索是否已被錄用，就聽到「我們公司只要有心要努力的人，無論是誰都可以」。無論是誰都可以啊…。

1970年大阪萬國博覽會當時
DONQ的法國麵包紙袋

　　說是宿舍，其實就是東急東橫線，都立大學站附近借來的大房間而已，分配到的是一疊大小的房間，但隔間用的是日式紙門和紙窗，不用鑰匙，也沒冷氣。進入公司2週後，雖然被分派到夜班，但盛夏的熱氣蒸騰，沒有冷氣的房間，實在也沒有神經粗大到如此都能睡，所以只要Torys威士忌的口袋瓶蓋1杯，就讓我滿臉通紅，如此過著借著酒力在白天睡覺休息的每一天。

　　進公司當時的體重只有51公斤，但法國麵包每次預備材料，揉和完成的麵團超過80公斤，所以僅是把麵團從攪拌機移至箱內，都覺得辛苦。

　　夜班上工時，都會有些店內剩餘的麵包送到法國麵包的廚房來，從糕點麵包、法式糕點、三明治等，都是生平首度品嚐。心懷感激地享用後，漸漸體重也增加到60公斤，託了這些產品的福，終於我也多了些力氣了。

　　工作，主要是量測材料，利用攪拌機製作麵團的「預備材料作業」，有空時幫忙負責整型人員折疊布巾（將整型好的法國麵包麵團排放在帆布巾上，再將帆布巾折出皺摺以避免發酵後的麵團相互沾黏的作業），當放置整型後麵團的板子上擺滿時，移至發酵箱再幫忙預備下一片板子，依序放入烤箱後再將帆布巾放置於烤箱背面烘乾，將未完全烘乾的帆布巾捲成圓筒狀放入發酵箱等…輔助作業。如此的協助工作經過半年，我仍無法進行整型及放入烤箱烘烤的工作。

　　我進公司時的1970年，是青山店開幕後第4年，依然持續著全盛期，這一年的除夕生產量，光是粉類的預備材料用量就將近1000公斤（以巴塔麵包Bâtard換算約5000條）。新進員工動作遲緩的狀態下，真的無法成什麼大事，也無怪乎不讓新人進行某些工作了。

● 今天的法國麵包，是好的？還是不好的呢？

　　進入秋天時，公司在大阪萬國博覽會場烘烤法國麵包的法國技術人員Pierre Prigent先生，回到了青山店。接下來的每天，我都問他「今天的法國麵包，是好的？還是不好的呢？」。因為這樣的問題，即使向日本同事提出，也沒有人可以回答，所以只好問法國人。

　　Prigent先生之後離開DONQ，轉而成為「Chez Pierre」法國料理店的老闆主廚，期間相當長，所以大家對他料理人（Cuisinier）的身份印象強烈，但其實他原本是專業麵包師（Boulanger），也是我最初的麵包老師。

法國技術人員Pierre Prigent先生

這個時代Phillippe Bigot先生也是DONQ的社員，工作地點就在神戶。偶然在青山店看到的狀況，廚房烘焙的麵包側面是白色的，發怒地說道：「因為緊貼著排放才會烘烤不足」。負責烘烤（窯）的人員，將烘烤好的麵包放入籃內時，喊「好燙」地掉下麵包，他會怒道「你，現在，說的什麼話！」（以Bigot先生特有的日語）嚴格地進行指導。意思是如果專業麵包師無法徒手拿取烘烤出爐的法國麵包，還能做什麼。

在青山，過了約9個月左右，收到上司傳達的異動通知，將我調往靜岡西武的DONQ。那裡是只有法國麵包設備的駐店麵包屋。以現在來看，廚房擁有烘烤法國麵包外的各式麵包設備，是理所當然的事，但在當時，單一設備卻是常態。此外，當時在青山DONQ的法國麵包部職員當中我最年長，而且住在單身宿舍，所以也是最適合異動的人。

而且，也是最不具技術的人。所以當我表示：「我還不會烘焙法國麵包」，他們告訴我半年間會有進行店長教育的人跟著，不用擔心。

到了靜岡之後，遇到的是個人生負面導師，這也讓我上了一課。例如，價格卡片上要用手寫著「￥100円」，所以還要店員畫蛇添足重新再寫上"円"。但是，每每被這個人說：「我輸給你的歪理」時，總會想到原來我只有歪理可以勝過這個人，想到沒有專業技術的自己，更加覺得情何以堪。

這樣的事情，卻成為讓我發奮圖強的誘因。首先，我聽說此人過去學習空手道，所以我也想要學習空手道。如果我學了空手道就是現役選手，與中斷的選手對抗，應該是我更有利。現在想起來當時認真思考此事的我，真是個大笨蛋，當時還真的非常認真地到市政府的諮詢窗口，詢問空手道館的位置。但那時已經沒有空手道館，還被告知如果想學的是少林寺拳法，就有道場，我打算請他們教我打架的方法，因而入了門。沒想到少林寺拳法到後來反而成了我人生的精神支柱，還真是很諷刺呢。

● 人生的店長初體驗

當這位人生負面導師調回東京後，雖然我成為店長，但是在還未真的被傳授法國麵包製作，就被調到靜岡，所以即使麵包不夠好，究竟要如何修正才好，我完全是眼前一黑，全無頭緒。

雖然靜岡店在開幕之初，法國麵包也是飛也似地熱賣，但我赴任時已經過了熱賣期，為了要活用設備，必須要烘烤法國麵包以外的種類，不能徒然閒置著烤箱等設備。但是我個人技術力不足，即使要烘烤其他的麵包，也根本不可能。雖然對前任店長諸多反駁，但真到了自己當店長時，才知道沒有這個才能。

湊巧前任店長時代，曾將青山店的柳橙麵包導入靜岡，相對1公斤的粉類使用一整顆新鮮柳橙，再加入榨汁後的柳橙一起烘烤。

帶著柳橙清爽香氣是很令人喜歡的麵包，但在前任店長離開後，因爲想要試著做出不同面貌地試著使用了甜玉米。試作時，本想預備粉類3公斤左右的用料，但靜岡西武的攪拌機，只有1台是25公斤用量的傾斜式攪拌機（Slant Mixer）（法國製的斜軸攪拌機）。這樣的用量要使用傾斜式攪拌機，可以想像是多麼困難…。後來最興盛時增加至95公斤的備料，應該是此時所無法想像的吧。

法國麵包以外的麵包，也從Calvel教授得到諸多啓示

靜岡時代，留下印象最深刻的回憶，就是玉米麵包和利用剩餘法國麵包所製作出來的蛋白霜法式脆餅（meringue rusk），還有法國麵包的「sans sel」（無鹽法國麵包）。到現在終於可以誠實自白，在靜岡工作的5年8個月間，曾經有幾次製作販售了無鹽的法國麵包。也就是忘記放入食鹽烤出來的「無鹽麵包」，而且還將其售出，眞是非常丟臉的事。一直覺得麵團很奇怪、很奇怪，放入烤箱內也總覺得烘烤色澤不如平常，但也沒有確認味道地就將其售出，直到幾天之後有客人來表示「之前買的法國麵包，味道有點奇怪喔」，才發現反應過來。

當時，並沒有向買了無鹽麵包的顧客致歉。即使是現在，遇到「當時經常在靜岡西武店購買、食用法國麵包」的顧客，我還是會心虛地擔心，是否會出現無鹽麵包的話題。

在1976年，我從靜岡以銀座三越店地下室DONQ店長的身分調回東京。但在靜岡時代只有法國麵包、玉米麵包和法式脆餅經驗的我，暴露了技術能力的不足而導致了徹底的失敗。

●技術力不足與身體狀況不佳的痛苦歲月

銀座三越是由京橋消防署所管轄，此消防署最初的案子，就是DONQ駐店麵包屋廚房設備的機械內容。

當時電暖器的機械條件規定爲10kW以下，22kW的法國制BONGARD烤箱，從一開始就不在此條件之內。當時以日本國內生產的烤箱，沒有辦法烘焙出像樣的法國麵包，但礙於電容量的限制，不得不設置2台日本國內生產的烤箱。1台用於烘烤法國麵包而必須使用的蒸氣桶狀加熱器，因佔用了電力，使得烤箱用的加熱器效能減低，變成了簡陋的設備，但爲了在銀座展店，也只好面對如此的狀況。

如果自己也擁有技術能力，那麼總是能克服這些問題也說不定，但法國麵包僅能依樣畫葫蘆而已，之後也只有玉米麵包與法式脆餅，可頌、酥皮類甜麵包（pastry）、奶油卷、甚至連吐司都無法完整製作。現在回想起來，這樣的狀態下還有勇氣展店，也眞令人捏一把冷汗…。

廚房的施工一氣呵成地在開幕的前一晚9點左右，終於通電完成。之後急忙試著開始預備烘焙法國麵包的材料，到能夠烘焙時，已經超過半夜3點。而且烘焙出來的法國麵包全是平面光禿的狀態（割紋沒有裂開）。根本也沒有時間沮喪，已經到了必須預備首日開店用材料的時間了。沒有演練時間直接上場，預備的麵團不斷地進入流程中，奶油卷整型時，用擀麵棍擀壓麵團就嘆滋嘆滋地斷裂了，麵團過度發酵。腦袋完全空白，彷彿惡夢的一天。

　　沒有技術、也沒有良好的製品、沒有達到預期的銷售目標，甚至還有部下的反抗。遭遇各式各樣的事情後，終於在玉米麵包開始銷售不久，月營業額達到了當初預期的1000萬目標。

　　只是，這個時代的百貨公司與現在不同，每週設有1天休假日，但中元節及年終時無休。在這樣不斷重覆繁忙的3年經驗下來，我出現了Back Pain（背痛）的症狀。最初因為自己初次經歷這樣的體驗，所以無法形容地不安。在工作時只要呼吸就會覺得背部劇烈疼痛，覺得痛苦地躺下來後，就更加無法站起來的嚴重狀態。去看了醫生也只是說「這是過勞」。結果休息了4～5天，疼痛消失後就回復工作，但是半年後一渡過忙碌高峰期，又再次出現相同的症狀。

　　因為如此使我信心全無。原本是為了製作法國麵包才進入DONQ，但持續擔任店長後，遠離麵包的製作，實在不是當初的本意。於是我考慮離職，以再次重新投入麵包製作為由遞出辭呈，結果受到DONQ的創立者，藤井幸男先生的召喚。

　　最後，我從店長卸任，肉體上較為輕鬆，但職務卻漸漸轉為技術指導的立場，又是一件令人頭疼的事，但也因此使得我有機會能夠探索鑽研社外的事務。

● 走出公司，看到使命

　　1980年代，是我開始向外出走的時代。83年我奔向巴黎Orque大道上的麵包坊而認識了Gerard Meunier先生，到了86年他終於來到日本，並得以展開研討會。終於到了這個階段，在技術面上看到了一線光明，此時進入公司已經超過16年。也是從此時開始，不斷地遇見日後對我有極大影響的人。

　　最初遇到的是日法商事的宮原倫夫先生。從日法研究室出來後，宴席上也一直持續談著麵包。沒有什麼比與確實明瞭法國麵包製作情況的宮原先生交流能學到更多。之後，到了1990年代，委託DONQ法國麵包研究會的事，則在其他部分另述。

　　1987年開始，由竹谷光司先生做為主講人的研究會「麵包屋論壇Bakery Forum」，受到竹谷先生的邀請，也是一個很大的轉機。入會的資格是成為發表自己研究主題的發表人。這對我而言，是近似苦行訓練，但難得有這樣的機會，打定主意想要藉此試著探查Calvel教授在日本的足跡。

雖然有1954年Calvel教授初次訪日以來的正式記錄，但實際的內容都只有列出記錄，並沒有寫下麵包的食譜配方。為此轉而向業界報社的パンニュース社（PANNEWS），請他們幫忙影印出1954年後Calvel教授的全部記述，在本文中就當時的配方、作業，依時間序列地加以整理出來。

另外，在這個麵包屋論壇（Bakery Forum）中，也有幸認識了明石克彥和金林達郎。在每個月的例會時，我們3人會輪流帶著麵包用自己的小刀分食，並一起討論發表人的內容。就這樣，與這兩位總是能毫不厭倦，且不斷地討論麵包的話題。

1994年開始，與日本代表選手所參加麵包製作的世界盃麵包大賽（Coupe du Monde de la Boulangerie）有了交集，96年第一次有幸前往巴黎會場，親眼觀看正式比賽。

麵包屋論壇（Bakery Forum）的夏季合宿訓練

聽聞美國隊麵包評論的我，也去看了那場比賽，因而結識了金子千保先生和Jeffrey Hamelman先生。Hamelman先生後來出版了著名書籍「BERAD」，受到這本書內容吸引的我，決心奔走地懇請其夫人－金子小姐翻譯，以出版成日文版。視覺性圖片少，且硬皮封面超過400頁的鉅著，以現代的出版常識來看，真是困難重重，但這本書在2009年出版後，確實不斷地重刷續印，5年間6刷可以印證並不只有流行的東西才能熱賣。這本書的存在已經成為麵包師們的「聖經」了。

曾經得到Hamelman先生的訊息，寫著：「仁瓶先生和我同舟共濟（扛著同一條船）」，那張明信片上的照片，是幾個人共同抬著一艘大船，是以照片為比喻吧。我們的任務就是將麵包正確地傳遞給下個世代。我是如此詮釋他留給我的訊息，即使現在半退休的我，也還是這麼想。

追求 Bon Pain 好麵包的製作方法

法國傳統的發酵種麵包（Pain au Levain）。
使用的是以麵粉和裸麥粉起種的發酵種（Levain），
採用兼顧酸味和膨脹體積的二階段法。

Pain au levain

發酵種麵包

由當日最後完成的預備材料中分出來的母種
(chef)。之後再由這個母種(chef)完成續種

在法國鄉下,還可以看到許多使用柴薪的石窯

發酵種麵包(Pain au Levain)的故事

　　發酵種麵包(Pain au Levain),在法國製作麵包用的酵母Yeast上市前,是古代、中世紀到近代,可說是製作麵包法的基本款麵包。

　　1993年,法國的décret pain(麵包政令),發表了「發酵種麵包Pain au Levain」的定義,規範了其他EU各國所沒有,法國獨特的標準。

　　內容有個很大的重點,就是可以稱之為「發酵種麵包Pain au Levain」的,必須是僅以麥粉、裸麥粉、水,有時添加食鹽起種製作而成的麵包。也就是說,若用葡萄乾起種、或其他水果、蔬菜起種烘焙出的麵包,即使不使用酵母Yeast製作,在法國也不能以「發酵種麵包Pain au Levain」之名進行販售。

　　此外,在日本經常可以看到將發酵種麵包Pain au Levain稱之為鄉村麵包Pain de campagne的報導,但1993年在法國,定義為發酵種麵包Pain au Levain的種類,自古以來始終都是「Pain au Levain」,1977年後,將名稱正式記錄。大家必須認識並瞭解,它與意思為「鄉村風」的「鄉村麵包Pain de campagne」是完全不同的。

　　再者,也有例子說是以法國麵包的核心基礎所製作的麵包,但卻是以葡萄乾起種來製成的發酵種麵包Pain au Levain,若要說是核心基礎,那麼以構成麵包材料的麵粉、裸麥粉起種製作,才是妥當的說法吧。

　　而且,巴黎的麵包坊「Poilâne」的圓麵包,如同從過去創始老闆Lionel先生所說,是從昔日至今一直被稱為「Miche」的麵包。

　　所謂的Miche,就是圓且大的麵包,自古以來就是這個名稱,發酵種麵包Pain au Levain大致上都是圓形大麵包(Miche)的形狀。

定義

根據法國的麵包政令,規定起種麵包發酵種時所使用的材料為麵粉、裸麥粉和水(有時加鹽)。本書當中介紹的母種(chef＝母種)製作方法,符合此定義。

此外,正式揉和時,新鮮酵母Yeast的添加必須在0.2%以下時才被認可。考量規定的用量,是因為如此才不會損及這款麵包的特徵,而且有助於縮短最後發酵的時間。

製作方法上的重點

在此介紹的是二階段法的發酵種麵包(Pain au Levain)。Calvel教授雖然建議使用三階段法,但這也可以說是在沒有冰箱的年代,為了抑制酸味所採取的對策。如果是二階段法,則可以考量利用冷藏保管以簡化作業,如此就能製作出酸味和膨脹狀態皆為完美的成品了。

但是,若不採用二階段法,直接將母種作為發酵種Levain使用於正式揉和時,酸味會變強、發酵能力變差,是我個人不太喜歡的狀態。

此外,依循新鮮酵母Yeast在0.2%以下的準則,在此新鮮酵母Yeast用量的1/3,則使用Saf的Semi Dry Yeast。

喜歡表層外皮的部分,可以做成法式烘餅(galette)的形狀,喜歡中央柔軟內側時,烘焙成圓形大麵包(Miche)的形狀比較好。

特徵

表層外皮略厚,柔軟內側可以感覺到隱約帶點酸味和香甜。因發酵種Levain的作用較能保存,也能使柔軟內側具有較長的保水性。

利用二階段法的發酵種麵包（**Pain au Levain**）
製作方法

前置作業

第一階段　**Rafraîchir 續種的製作方法**
〔配比〕	%	公克
Levain chef（母種）	1～1.2	10～12
麵粉（LYS D'OR）	5.5	55
水	2.8	28

〔工序〕
用直立式攪拌機 L7分鐘、揉和完成溫度 25～26℃
放置 7小時（27℃）

第二階段　製作 **Levain tout point**（完成種）
〔配比〕	%	公克
Rafraîchir 續種	第一階段的全部用量
麵粉（LYS D'OR）	13.5	135
裸麥粉（アーレファイン）	5	50
水	9.4	94

〔工序〕
用直立式攪拌機 L7分鐘、揉和完成溫度 25～26℃
放置於常溫中約2小時（27℃）。之後，靜置於冰箱中一夜。

Pate finale（正式揉和）
〔配比〕	%	公克
麵粉（LYS D'OR）	46	460
石臼碾磨粉類（註1 P.79左下）	30	300
Saf 的 Semi Dry Yeast（紅）	0.05	0.5
鹽	1.8	18
麥芽糖漿 UROMALT）	0.2	2
（2倍稀釋液時為0.4%）	
水	59	590
Levain tout point（完成種）全部用量	37.2	372

〔工序〕
攪拌（螺旋型）

	L2分鐘　攪拌機停止前20～30秒撒放
	酵母 Yeast　自我分解30分鐘
	放入鹽與 Levain tout point（完成種）
	L4分鐘　H30秒
揉和完成溫度	25～26℃
發酵時間	30分鐘　壓平排氣　30分鐘（發酵室　27℃）
分割	1200公克
中間發酵	5分鐘
整型	球形　法國烘餅形
最後發酵	3小時～3小時30分鐘（發酵室　27℃）
烘烤	劃切割紋，放入蒸氣完成烘烤。
	在上火240℃、下火230℃狀態下放入烤箱後，
	轉為上火220℃、下火200℃
	烘烤約45分鐘左右

前置作業	攪拌	30分鐘	壓平排氣	30分鐘	分割‧滾圓	5分鐘	整型	180分鐘	割紋 烘烤	45分鐘

第一階段 由 Levain chef（母種）製作 Rafraîchir 續種

混拌完成時　　　　　　　　經過7小時後（完成續種）

〔配比〕

	%	公克
Levain chef（母種）	1～1.2	10～12
麵粉（LYS D'OR）	5.5	55
水	2.8	28

〔工序〕

用直立式攪拌機　L7分鐘、揉和完成溫度25～26℃

放置7小時　（27℃）

第二階段 由 Rafraîchir 續種製作 Levain tout point（完成種）

混拌完成時　　　　　　　　靜置於冰箱中一夜後

〔配比〕

	%	公克
Rafraîchir 續種	第一階段的全部用量	
麵粉（LYS D'OR）	13.5	135
裸麥粉（アーレファイン）	5	50
水	9.4	94

〔工序〕

用直立式攪拌機L7分鐘、揉和完成溫度25～26℃

放置於常溫中約2小時。（27℃）

之後，靜置於冰箱中一夜。（製作出完成種）

　　※ 用於正式揉和

註：假設使用的是灰分1.1的石臼碾磨粉，LYS D'OR 的灰分為0.43時，除去完成種的粉類灰分最終為0.69。發酵種麵包（Pain au Levain）應該最適合這樣程度的灰分吧。在此是將石臼碾磨的比例設定為30%，但可以視自己想要完成的成品而加以調整其比例。

♠仁瓶師傅

在此雖然標示的是，包含Levain tout point（完成種）粉類合計，作為100%的內含比例計算的配比。但若以正式揉和的粉類為100%，外加比例計算時，Levain tout point（完成種）的比例約為50%。在此希望大家注意的是，二階段製法當中，從Levain chef（母種）製作，增加發酵種Levain的量，就會得到這樣的計量；如果Levain chef（母種）直接加入50%，那麼酸性過強也不會有好的結果。無論是內含比例或外加比例，都不會改變實際狀態，希望大家可以選擇日常作業中方便計算的方法來進行。

Levain naturel chef（母種）的起種方法

以上材料揉和完成時的狀態。
由此狀態開始放置22～24小時
使其發酵。
與以下①的狀態相同

Start，由麵粉和全裸麥粉開始！

〔配比〕
麵粉（LYS D'OR）......................300公克
全裸麥粉...................................300公克
水 300公克
鹽 3公克
麥芽糖漿.....................................3公克

〔工序〕
用手揉和，或以小型攪拌機攪拌
揉和完成溫度25～26℃
發酵時間22～24小時（溫度25～27℃）

註：作業時，仁瓶師傅會避免觸及酵母Yeast或
使用酵母的麵團，將工具和手充分洗淨後，再用
酒精消毒。

起種的開始與完成時的比較

① 　　　　⑥

最初的材料在揉和
完成時的狀態，與上方
缽盆中的麵團相同

完成Levain naturel chef
的起種

♠仁瓶師傅
根據麵包政令中所定義的「發酵種麵包Pain au Levain」，
麵包內部（柔軟內側）的pH值最高為4.3。醋酸含量最低為
900ppm。因此，打算製作法國的發酵種麵包（Pain au Levain）
時，母種（chef）的pH4.5，或許還是不足也說不定。但是在日
本販售時，也必須兼顧考量酸味吧。

　　進行起種的一連串作業，至右頁上方照片般完成為止，
約需花4～5天。
　　開始時（揉和完成①）與完成時（完成Levain naturel
chef的起種⑥）狀態的比較如上照片。
　　完成時，希望膨脹倍率是2.5～3倍的程度，pH4.5
左右。

22~24H	22H	22H	12H	12H	6~12H

剛攪拌完成　①　②　③　④　⑤　⑥

混拌①的材料放置 22小時的狀態

②

①的種 300公克
麵粉（LYS D'OR）...300公克
水 130公克
鹽 1.5公克
麥芽糖漿...................2公克

攪拌
揉和完成溫度25～26℃

發酵
22小時（溫度25～27℃）

混拌②的材料 放置22小時的狀態

③

②的種 300公克
麵粉（LYS D'OR）...300公克
水 130公克
鹽 1.5公克

攪拌
揉和完成溫度25～26℃

發酵
22小時（溫度25～27℃）

混拌③的材料 放置12小時的狀態

④

③的種 300公克
麵粉（LYS D'OR）...300公克
水 130公克
鹽 1.5公克

攪拌
揉和完成溫度25～26℃

發酵
12小時（溫度25～27℃）

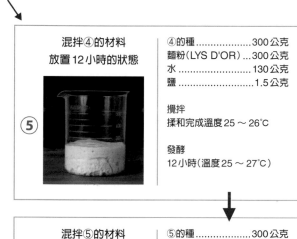

混拌④的材料 放置12小時的狀態

⑤

④的種 300公克
麵粉（LYS D'OR）...300公克
水 130公克
鹽 1.5公克

攪拌
揉和完成溫度25～26℃

發酵
12小時（溫度25～27℃）

混拌⑤的材料 放置6～12小時的狀態

⑥

⑤的種 300公克
麵粉（LYS D'OR）...300公克
水 130公克
鹽 1.5公克

攪拌
揉和完成溫度25～26℃

發酵
6～12小時（溫度25～27℃）

與⑥上述相同的材料混拌 放置6～12小時的狀態 （完成起種）之後冷藏 約可保存3天左右

續種的方法
到了第3天就能進行
下一次的續種。
（即使一週2次也可以）

母種（chef）（發酵種⑥）
........................500公克
麵粉（LYS D'OR）....570公克
全裸麥粉 30公克
水 270公克

攪拌
低速8分鐘（完成溫度25～26℃）
在室溫下靜置3小時後冷藏保存。

※ 夏季時，母種（chef）的量減少等，請確認發酵種Levain的狀態後，再進行必要的調整。

母種（chef）的起種完成後，立刻想要試著挑戰發酵種麵包（Pain au Levain）吧。在此必須利用成品確認其發酵能力是否足夠、或是酸味是否足夠，若是看起來很好，那麼就必須續種使其成為持續可使用的狀態，所以定期地「續種」，也就是提供母種（chef）的「營養補充」是必要的。

母種（chef）的發酵能力不佳時，則必須幾天重覆地進行1日2回的續種，以活化母種（chef）。

為避免母種（chef）接觸到工廠內麵包製作用的酵母Yeast（包含使用酵母Yeast的麵團），所以除了攪拌機、攪拌葉之外，工作檯及作業者的手都必須用高濃度酒精殺菌後才能觸摸母種（chef）。

前置作業 … 攪拌 — 30分鐘 — 壓平排氣 — 30分鐘 — 分割・滾圓 — 5分鐘 — 整型 — 180分鐘 — 割紋 烘烤 — 45分鐘

攪拌
請參考P.79，製作完成種備用。

1

在缽盆中放入粉類，並加入2倍稀釋的麥芽糖漿。

2

加入水，用攪拌機以低速攪拌2分鐘。

3

完成時撒放酵母Yeast。之後停止攪拌機，進行30分的自我分解。

4

自我分解後的攪拌。邊轉動攪拌機邊撒入鹽。

5

放入撕成小塊狀的完成種。

6

以低速攪拌4分鐘並邊觀察麵團，用2速判斷要攪拌多久。最後達到可如此薄薄延展的程度即可。

7

揉和完成溫度較長棍麵包（Baguette）高。（25～26℃）。

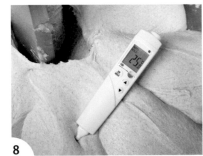

8

移至薄型搬運箱內。

9

30分鐘	30分鐘	5分鐘	180分鐘	45分鐘

前置作業　攪拌　　壓平排氣　　分割‧滾圓　　整型　　　割紋　烘烤

壓平排氣
壓平排氣已發酵30分鐘的麵團。levain naturel的麵團發酵是緩慢進行的，因此此時還未完全進入發酵階段。

10

在麵團表面及工作檯輕輕撒上手粉，由薄型搬運箱內將麵團取出。拉開麵團並將其右側1/3處向中央折疊。

11

左側也以相同方式拉開並重疊折入。

12

變化方向地將麵團轉動90度，同樣於1/3處折疊。另一側也以同樣方式重疊折入。（像這樣的3折疊必須進行2次）

13

上下翻面，再放回薄型搬運箱內。

14

分割‧滾圓
使麵團發酵30分鐘。在麵團表面及工作檯輕輕撒上手粉，由薄型搬運箱內將麵團取出。

15

分割成1200公克（重量以適宜為主）。

16

彷彿包覆般地將斷面朝下地滾圓。為避免阻止其發酵力，僅整合形狀即可。

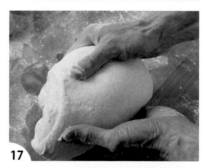
17

用兩手包覆，以想要完成的形狀來進行調整。

18

排放在薄型搬運箱內，就完成最初麵團的成形。

19

30分鐘	30分鐘	5分鐘		180分鐘	45分鐘

前置作業　攪拌　壓平排氣　分割・滾圓　整型　割紋　烘烤

整型（Miche）
將麵團接合處朝上，
用右手按壓。

20

整型
（法式烘餅galette狀）
將麵團接合口朝下，
直接由上方按壓使其
成為扁平的圓形。

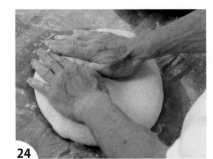
24

以左手翻起麵團向
中央折疊，再以右手
按壓。

21

接合口朝上，放入撒
有薄薄粉類的發酵
成型籃內，進行最後
發酵。

25

僅按壓接合處，彈力
強時不進行整型。用
兩手包覆，以想要
完成的形狀來進行
調整。

22

♠仁瓶師傅
最後發酵需要至少3小時，所以發酵成型籃必須撒上最少限度的粉
類，粉類撒放過多時會抵消掉表層外皮的風味。正因為是發酵種麵包
（Pain au Levain），所以不能說撒滿粉類是正確的方法。在放入烤
箱前撒放粉類，還是以最少限度為原則。

接合口朝上，撒上薄
薄的手粉，放入發酵
成型籃內，進行最後
發酵。

23

在發酵成型籃內薄薄均勻地撒上粉類。

〔計算放入發酵成型籃麵團重量的方法〕
首先在發酵成型籃內放入麵粉至藤籃邊緣，再
計算粉類重量。相對於此重量，像是發酵種麵
包（Pain au Levain）這樣的麵團，約是放入
1/2粉類重量的麵團，若是力道更強的麵團時，
可以試著用1/3粉類重量的麵團來調整。

前置作業	30分鐘 攪拌	30分鐘 壓平排氣	5分鐘 分割‧滾圓	整型	180分鐘	割紋	烘烤	45分鐘

放入烤箱的標準，是手指按壓時感覺被包圍夾住，膨脹比率則是看放置後的狀況，就比較容易瞭解了。

26

27

為確認安排狀況，連同發酵成型籃一起擺放至滑送帶(slip peel)上。

28

在確認好的位置上，翻轉發酵成型籃將麵團移出。

膨脹倍率

試著放入膨倍計來測量。右側是法國的膨倍計。可以簡略地用以下的量杯來代用。

取部分19的麵團，放入透明的量杯內，並平整表面。

標準大約是成為原來的2.5～3倍。

29

割紋
劃切割紋。
（使用波浪刀刃的麵包刀）

30

烤箱內放入蒸氣。發酵種Levain麵包是以不太熱的烤箱，緩慢長時間烘焙而成的。

♠仁瓶師傅
在Calvel教授的著作中，雖然記述著膨脹率Rafraîchir續種是3.5倍、Levain tout point（完成種）也是3.5倍，正式揉和的最後發酵也是3.5～4倍，但用日本的粉類很難實現。在此是以略少於3倍的程度，即放入烤箱。

烘烤

放入蒸氣，在上火240℃、下火230℃狀態下放入烤箱後，轉為上火220℃、
下火200℃，烘烤約45分鐘左右。

因發酵種麵包（Pain au Levain）的發酵
較為緩慢，若放入過熱的烤箱時，會導
致麵團尚未延展即已形成表層外皮，所
以必須多加留意。因麵團重量較大，所
以要降低烤箱溫度確實烘烤。

▶由此開始至16分鐘為止每隔1分鐘，之後每隔2分鐘的狀態。

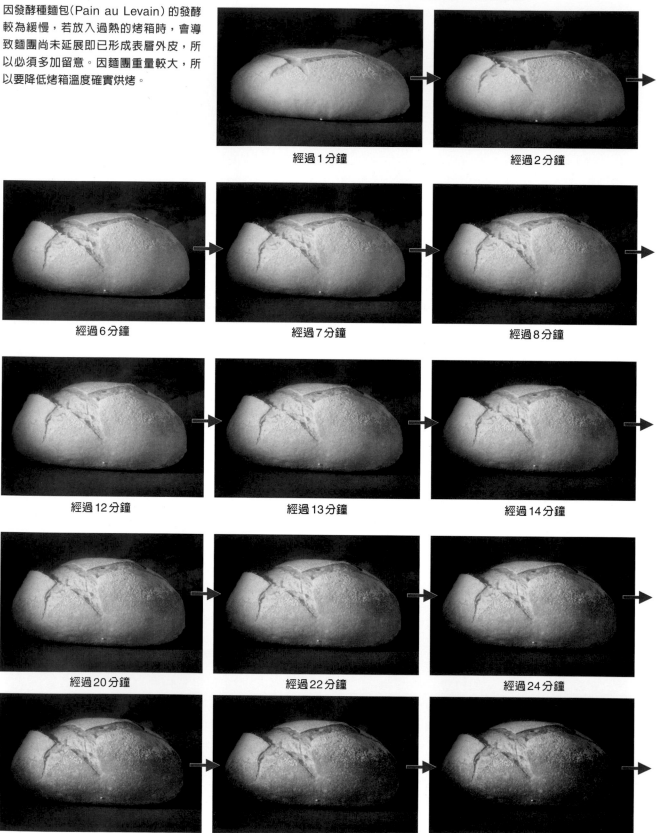

經過1分鐘	經過2分鐘
經過6分鐘	經過7分鐘	經過8分鐘
經過12分鐘	經過13分鐘	經過14分鐘
經過20分鐘	經過22分鐘	經過24分鐘
經過32分鐘	經過34分鐘	經過36分鐘

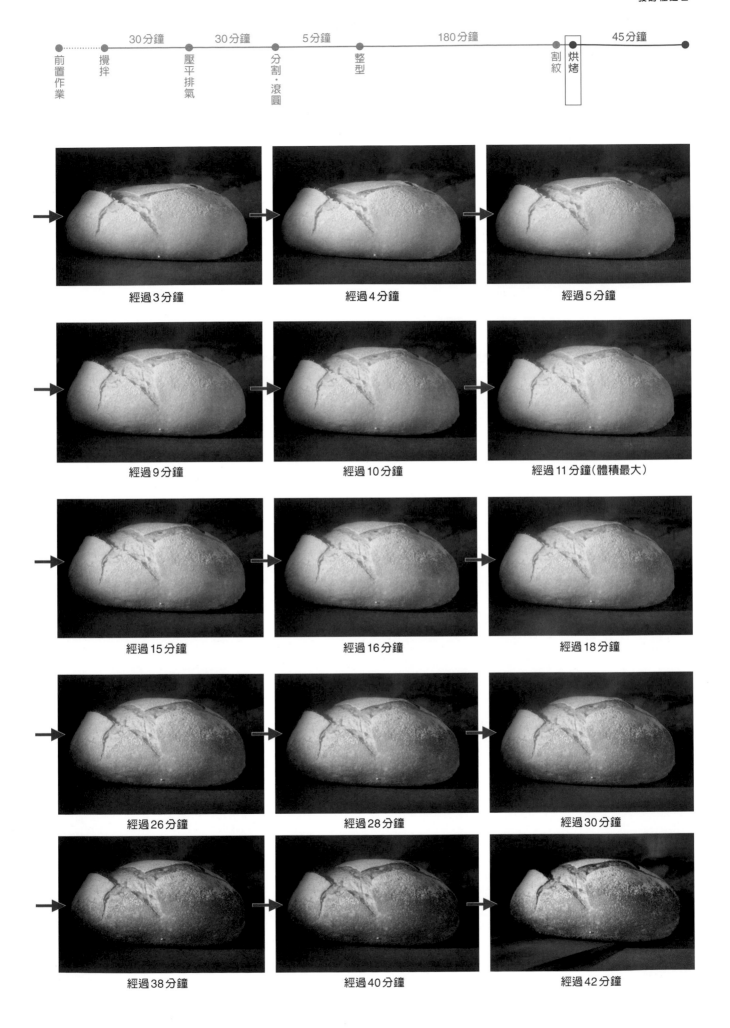

探索追尋發酵種之道

從發酵種Levain至酵母Yeast的時代

到目前爲止我總認爲，在法國製作麵包用的酵母Yeast上市前，一直是發酵種麵包（Pain au Levain）的時代。在Calvel教授的著作中曾經有如下記述：「1840年巴黎第2區的黎塞留大道（Richelieu）上，奧地利人Zang開設的麵包坊，是法國首次不使用發酵種Levain的製作方法」。而我也一直認爲，在這之前應該都是持續使用發酵種Levain製作麵包。

而18世紀Parmentier所著的「Le parfait boulanger」，提到關於指責當時在發酵種Levain中添加啤酒酵母Levure de bierre風潮的記述，可知此時是借「酵母Yeast」的能力以輔助發酵。根據此書，也無法否定針對富裕層的麵包卷Pain mollet等，可能幾乎都以啤酒酵母Levure de bierre製作。

提到關於酵母Yeast的發展，經過了利用製作啤酒發酵時結集於上層的酵母，使用於麵包的「啤酒酵母Levure de bierre」時代，到了1780年左右，在荷蘭以穀物爲原料，運用製作酒精的技術，轉爲開發製作麵包用的「穀物酵母Levure de grain」，酵母Yeast的品質也更加提升。而且無論進行幾次壓平排氣，麵團都仍具發酵耐性。因而從酵母Yeast的液種法，逐漸地轉爲直接法的過程中，發酵種Levain就急遽地被遺忘了。

在此，就以Calvel教授的書爲基礎加以說明。

教授於1952年出版的著作中並沒有出現levain naturel這個語彙。這個語彙開始使用是在1980年，發表於BOULANGER PATISSIER雜誌上的報告，其中有提到「levain naturel的發酵與製作方法」。這個報告被作爲發酵種Levain的正統技術，也是法國首見，介紹了兩種Levain chef的起種食譜配方。

其中之一，是1974年Calvel教授訪日過程中，因應DONQ的請託，利用手邊可得的全裸麥粉、LYS D'OR與水分，用手揉和開始直到完成Levain chef時的資料。

這項1980年的報告，雖然教授在針對日本於1985年，由パンニュース社（PANNEWS）出版的「法國麵包技術詳論」（絕版）當中，第78～105頁加以介紹，但因爲「levain naturel」被翻譯成「天然中種」，因此意思不太容易理解，無論當時讀了幾次都引發不起興趣。如果當時這分報告能更早用正確的日文用語來介紹，或許現在支配著日本麵包界的"天然酵母是始於葡萄乾"的"常識"，也會有所不同也說不定。

Calvel教授在DONQ製作了Levain chef之後，雖然在神戶應該有將發酵種麵包（Pain au Levain）商品化（大概是賣不出去吧），但卻並未持續。

在法國，因Calvel教授提出報告的這個契機，使得大家更加深刻關注發酵種麵包（Pain au Levain），以至於在1998年有了被稱爲「回歸發酵種麵包（Pain au Levain）」的風潮。

18世紀「Levain chef」的起種方法

Parmentier的著作（1778年），也有大略提過Levain chef的起種方法。（315頁）

「粉類放入熱水中輕輕混拌，放置於溫暖的位置，靜置約12小時。當麵團出現酸的味道時，再加入等量的熱水，以製作成略硬的麵團般混拌粉類。不到半天再重覆一次作業，就能成爲可使用的發酵種Levain了。」

並不是由零開始起種，通常一般作業過程中，所謂的發酵種Levain母種（chef）就是由當天最後預備材料中的麵團分取出來，添加足夠的粉類和水分，揉和成較硬的麵團，放置12小時待其熟成，如此次日就能成爲母種（chef）。

18世紀「發酵種Levain」與其使用方法

Parmentier的著作中，有酵母Levure（Yeast）的項目。其中有著「慕斯狀、輕盈帶著油脂感黏稠的狀態。是啤酒發酵中出現在上層泡泡的狀態」如此的記載。而且有：「也是固體狀的物質，從慕斯狀當水分乾涸後變硬而成」的記載。

自行前往巴黎Brasserie（啤酒工廠）購買，因夏季生產啤酒所以完全足夠供應麵包坊使用，但冬季生產量不足，所以必須得到較遠的啤酒工廠去調貨才行。

當時，使用酵母Levure還是存有爭議，直到1670年國會才有了「僅使用新鮮的酵母Levure，用以輔助發酵種Levain」的命令。其實原本最早開始使用酵母Levure僅是作為輔助Petit Pain café的最後發酵用。但後來漸漸開始添加的酵母Levure變多，也用於其他麵包（Pain mollet），最後變成不使用發酵種Levain 而改為僅以酵母Levure來製作。爾後也有「這是巴黎或生產啤酒等地區，麵包師的現狀」這樣的記述。

酵母Levure使用半量熱水溶化與麵粉混拌，確定發酵後就能使用（levain à la levure），但也有麵包師不進行這個過程，直接使用酵母Levure加入材料中。

這樣的狀況，不就是直接法了嗎！但發酵種Levain

不需要買，酵母Yeast卻是非買不可。因此針對大眾的便宜麵包，使用極少量的酵母Levure，僅做為輔助用吧。

戰後，地方上所謂的Levain de pâte…

出生於1955年的專業麵包師Gerard Meunier，在自己家裡的麵包坊幫忙，當時他才12歲。

這個時代（1960年代後半），酵母Yeast已經開始出現在市面上，但因為昂貴，所以Meunier先生父親的店內，製作的是酵母Yeast用量較少即可的Levain levure製作法（酵母中種法）。

Meunier先生稱該作法為「Levain de pâte」。但卻與中世當時Levain de pâte的定義完全不同。經確認後發現，當時Meunier先生所生長，法國西部的旺代（Vendée），這種製作方法就稱作是Levain de pâte。

前一天黃昏，用100公斤粉類相對500公克酵母製作中種。翌日凌晨進行正式揉和。攪拌時間也縮短了。像巴黎這樣狹窄的廚房，因為沒有放置中種的位

使用柴薪的石窯烘焙出的圓形大麵包（Miche）

將圓形大麵包（Miche）放入窯內烘烤。（於「Poilâne」本店地下工作坊）

置，所以相當困難，但地方上這樣的製作方法卻是相當多，更往鄉村去，發酵種麵包（Pain au Levain）更是壓倒性的高比例。

為避免發酵種麵包（Pain au Levain）的酸味過重，所以在正式揉和前，必須要經過三次續種（refresh）。即使如此，相較於具有酸味的發酵種麵包（Pain au Levain），還是有非常多的顧客比較喜歡酵母Yeast製作的麵包。製作的是以2～6里弗爾（1～3公斤）的麵包為主，直至1970年為止，以圓球狀（Boule）為主要形狀。

法國在二次世界大戰後，因瓦斯等公共費用升高，相對麵包價格被壓低，因此麵包坊的生活並不富裕。

在部分資料上，1955年麵包坊中，有25%是以販賣麵包以外的商品以提高收益，但50%的麵包坊，都必須斤斤計較地求生存，還有25%的麵包坊則呈現赤字。

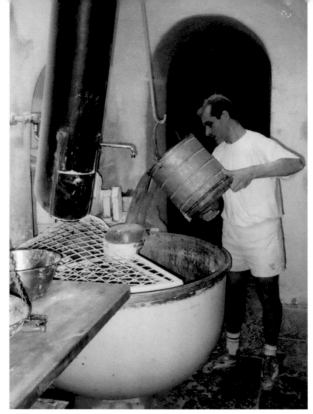

粉類和水分看起來都十分約略，但卻是高精細度的專業師傅。
（於「Poilâne」本店地下工作坊）

沒有酸味劃時代的製作方法 Levain de pâte

Parmentier在1778年的書中，曾經寫出當時麵包師每天都必須持續進行多次的材料預備作業，「只有3小時的休息時間，都是為了改善精疲力盡、嚴苛生活的考量」，由此可知要維持發酵種Levain活性的辛苦。

在沒有冰箱的時代，一階段法的發酵種Levain會過度熟成，因此至少是三階段法的發酵種Levain才能製作出好的麵包。

現在，發酵種Levain的母種（chef）可以放入冰箱管理，但在無法冰箱管理的時代，想要製作麵包可不是這麼簡單的事，直到高品質且穩定的酵母Yeast上市後，麵包師們想要擺脫發酵種Levain也是無可厚非。

但是，僅是重覆續種（refresh），也很難完全抑制酸味，此時如救世主般被介紹的製作方法，就是Levain de pâte。書上還有以下的記述：「藉由使用熟成度較低的發酵種Levain，創造出比現在更好，合併目前優點且能抑止酸味的製作方法」。

上面還寫著作業及手法都與之前相同，但最初的母種（chef）比率看似較少，但也因此成為低熟成度，而更能膨脹的完成種，使用量為正式揉和麵團的一半左右。

發酵種Levain所含的微生物種類及數量

1993年公布的法國法律，不承認由水果起種者可稱為發酵種Levain。所以發酵種Levain所含的微生物，也就是本來已附著於粉類的種類。

這樣的發酵種Levain當中，雖然含有自然界各式各樣的微生物，但主要是由酵母和乳酸菌所構成。

酵母，大部分是酵母屬（Saccharomyces）和念珠菌屬（Candida），乳酸菌幾乎都是乳桿菌屬（Lactobacillus）。乳酸菌會生成乳酸和醋酸，當其濃度達到一定程度時，就能防止有害雜菌的繁殖。此外，粉類的灰分高者，酵母、乳酸菌的數量也會有飛躍般顯著的增加。

根據法國對發酵種Levain的某個測試結果可知，當微生物的活性穩定時，報告案例中顯示1公克的發酵種Levain中含有酵母1～5×10^7、細菌數0.5～2×10^9（Onno1994年）。

現代存在的「Levain de pâte」製作方法

有個稱為「Pain Virgule」哲學般名稱的麵包坊。使用以石臼碾磨自製，有機標章（Agriculture Biologique）的粉類、不使用酵母Yeast以發酵種Levain製作麵包，並以柴薪的石窯進行烘焙。我經由法國國家農業研究院（INRA）的Hubert Chiron先生介紹，進而訪問，這間店從外觀完全看不出來是間麵包坊。

車子沿著羅亞爾（Loire）紅酒產地附近的農田小道而行，就可以看見平房工廠般的建築。進入建築物後，可以看到左邊兩座並排的石窯。前方的石窯大得令人訝然，而且是用滑送帶（slip peel）將麵團放入烘烤。

在此，僅用小麥麵粉製作麵包，有T65的鄉村麵包（Pain de campagne），至T80的Pain bis、T110的全麥麵包（Pain complet）、T150的吐司（Pain integral）。特殊麵包（Pains spéciaux）有7種，其他還有斯佩爾特小麥（Épeautre）、裸麥（Seigle）、蕎麥（Sarrasin）的麵包、加糖麵包也有3種，法式奶油酥餅（Sablé cookies）、Roche（蛋白霜）等，商品陣容堅強。

其中特別令人感興趣的是製作方法，居然是以「Levain de pâte」來製作。因此，酸味少且體積膨大。看到的當下，心想不愧為18世紀Parmentier先生讚不絕口的麵包。

像這樣有機標章的麵包，若是在日本出售，必定能夠改變現今消費者認為體積小且沈重的麵包，才是「天然酵母麵包」的認識。

用滑送帶（slip peel）將麵團放入珍貴的石窯中

添加柴薪

2座不同類型的石窯並列

這個小小的招牌就是標誌

Baguette / *Bâtard*

長棍麵包 / 巴塔麵包

在日本被稱爲「法國麵包」中最具代表性的。

從19～20世紀，在巴黎不斷地淬鍊，最後變化發展成現今的棒狀。

無論是長棍麵包或是巴塔麵包，基本上成品都是相同重量，

只是因爲完成時的形狀，會使表層外皮（crust）與柔軟內側（crum）的平衡比例不同，

成品的形狀也會產生不同的印象。

長棍麵包・巴塔麵包的故事

　　長棍麵包（Baguette）是日常生活的麵包。最近似乎大家都忘記這一點，出現許多高級的長棍麵包，但它本來就是每天持續食用的麵包啊。

　　即使在巴黎長棍麵包大賽（La meilleure baguette de Paris）中得獎的店家，也有很多同時製作日常的長棍麵包和傳統長棍麵包（較日常的長棍麵包昂貴1成以上），得獎的很多是特殊（Spécialités）麵包。或許有人會覺得，有了得獎的轟動和加持，當然銷售量會增加，導致長棍麵包因而賣不出去，但其實不然。這些店家的固定客群，對於每日食用的麵包，很多人反而不會選擇昂貴的。所謂的「日常麵包」就是這麼回事，與法國人在日常生活中不會飲用十分昂貴的酒，是同樣的道理。

　　在此想要談談的是，「日常麵包」以長棍麵包（Baguette）為主要代表；而在日本，巴塔麵包（Bâtard）被認為是法國麵包的代表，所以接下來就是長棍麵包（Baguette）＆巴塔麵包（Bâtard）展開的對決。

　　1935年，Dufour的著作中，雖然也提及巴塔麵包（Bâtard）（400公克），但在巴黎現在幾乎已經看不到了（亞爾薩斯或其他地區還有在販售）。相較於這些意義上非嫡系的麵包，長棍麵包（Baguette）就逐漸成為主角。

　　長棍麵包（Baguette）誕生於巴黎，但至某個時期為止，都不是日常麵包（pain courant）（日常消費的麵包），而是被分類成花式麵包（Pain fantaisie）（享受食用樂趣的麵包）。日常麵包（pain courant）是價格被制約的便宜麵包，相對於此，花式麵包（Pain fantaisie）雖然較昂貴，但卻因表層外皮香脆（croustillant）的口感（硬脆）而成為令人樂在其中的麵包。但在已無價格制約的現代，長棍麵包（Baguette）已成為日常麵包了。長棍麵包之於法國人，是無可取代、樂在食用並維持生命的麵包，這一點仍沒有改變。

定義

「在法國，麵團重量及割紋數量都有固定的規則」如此的記載在日本隨處可見，但卻是錯誤的認知。長棍麵包（Baguette）和巴塔麵包（Bâtard）都沒有規定各別的麵團重量、長度、割紋的數量等，規定的只有關於烘烤的麵團重量而已。

日本人喜歡在長棍麵包（Baguette）麵團內添加油脂、砂糖，不僅限於長棍麵包和巴塔麵包，但只要是想在稱為法國麵包的麵團之中，添加油脂和砂糖之舉，都是不可跨越的界限。

製作方法上的重點

DONQ的長棍麵包（Baguette），pointage（第一次發酵）是3小時。雖然製作的技術者勞動時間隨時代而縮短了，但pointage 的時間並沒有縮短。時間短作業會較輕鬆，但卻會因此損及麵包的風味。如果無論如何pointage的時間都會短於3小時，那麼必要時，添加前一天冷藏保管的發酵麵團，以補足麵包的風味（「法國麵包・世界的麵包正統製作麵包技術」P.28、29的發酵麵團（Pâte fermentée法）。

特徵

表層外皮（crust）是明亮的茶色且具光澤，還有酥脆口感。柔軟內側（crum）有大小不規則的氣泡孔，呈奶油色。

長棍麵包（Baguette），麵團的力道強並且烘焙過程中兩端容易外翻。此外，與長棍麵包（Baguette）一起製作麵團的巴塔麵包（Bâtard），體積會略為受到抑制。因此，一種麵團製作成兩種不同麵包，在進行分割、滾圓及整型作業時，必須要注意不同的應對處理。

♠仁瓶師傅

先將一日用量的麥芽糖漿，預先以等量的溫水使其溶化備用，就能比較方便測量計算了。以前麥芽糖漿是用湯匙舀起測量，之後再將沾黏在湯匙上的糖漿洗掉，這樣的操作會造成原料的耗損，以2倍稀釋液的方法，就能不浪費。但請注意2倍稀釋液只能在冰箱內保存約2天左右。

〔配比〕

	%	公克
麵粉（LYS D'OR）	100	1000
Saf 的 Instant Yeast（紅）	0.4	4
鹽	2	20
麥芽糖漿（euromalt） （2倍稀釋液時為0.4%）	0.2	2
水	69	690

〔工序〕

攪拌（螺旋型）

粉類、麥芽糖漿、水 L2分鐘。
攪拌機停止前20～30秒撒放酵母 Yeast
（不完全溶化）
自我分解　30分鐘
L4分鐘（開始後放入鹽）。
（依麵團狀態）H10秒～
揉和完成溫度　23℃

發酵時間	90分鐘　壓平排氣　90分鐘（發酵室　27℃）
分割	350公克
中間發酵	25分鐘
整型	長棍麵包（Baguette）60公分左右 巴塔麵包（Bâtard）約40公分
最後發酵	80分鐘（發酵室　28℃）
烘烤	割紋 蒸氣 上火240℃／下火230℃　30分鐘

| 90分鐘 | 90分鐘 | 25分鐘 | 80分鐘 | 30分鐘 |

攪拌 → 壓平・排氣 → 分割・滾圓 → 整型 → 割紋 烘烤

攪拌
將粉類、麥芽糖漿2倍稀釋液放入攪拌盆中。

加入水分。

以低速混拌2分鐘。攪拌機停止前20～30秒時撒放酵母。攪拌至粉類仍有殘留，沒有水分殘留的狀態。

在此階段，拉開麵團時會噗哧噗哧地拉斷，麵筋幾乎尚未成形。進行30分鐘的自我分解。

自我分解完成。在自我分解過程中，麵筋會變得鬆弛，拉開麵團時也會變得更容易延展。

邊用低速轉動邊撒放鹽。再次進行攪拌揉和。最後以高速攪拌約10秒。

攪拌完成的標準，是麵團可以薄薄地延展成薄膜般。但不會像吐司麵團那麼薄。

確認揉和完成的溫度。

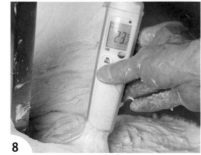

不是放置在缽盆，而是放入薄型搬運箱內。（為避免過度產生彈力。）

♠ 仁瓶師傅
長棍麵包（Baguette）麵團，如果只是注意其筋度Q彈地烘焙，那就會成為底部無法穩定，滾動狀態的麵包（麵包斷面近似圓形）。不僅是筋度還有延展（麵團緩和的要素），考慮到二者的均衡，麵團在烤箱中除了持續形成恰到好處的安定底部之外，同時也會向上膨脹起來。並不是指以外力來延展麵團，而是使其成為本身具延展性的麵團。

壓平排氣

對經過90分鐘靜置後的麵團進行壓平排氣。

若麵團強度不足，下次進行預備作業時，略為延遲壓平排氣的時間，以增加麵團的強度。

在麵團表面和工作檯上輕撒上手粉，從薄型搬運箱內取出麵團。

10

11

邊輕輕拍打整體麵團使其排出較大氣泡，並略呈長方型地推展開麵團。

12

拉開右側，向中央折入1/3。

13

左側也拉開並朝中央折入1/3，使其重疊。

14

麵團轉動90度變化方向，由邊緣朝中央折疊1/3。

15

另一側也同樣拉開後，朝自己的方向折疊1/3（像這樣的3折疊進行2次）。

16

放回薄型搬運箱。放置使其發酵90分鐘。

17

♠仁瓶師傅

在我進入公司1970年左右，法國麵包的壓平排氣，大約是在發酵至2/3時進行，也就是若全部發酵時間是180分鐘，在120分鐘時進行作業。之後麵粉的力道變強，壓平排氣的力道才會向前推進。即使如此，在前1/3的時間點進行壓平排氣，時間仍太早。再者若麵團力道還是太強時，也可以將Instant Yeast（紅）換成Semi Dry Yeast。

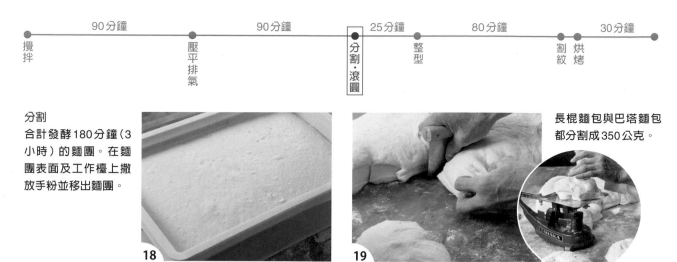

90分鐘		90分鐘	25分鐘	80分鐘		30分鐘
攪拌		壓平排氣	分割‧滾圓	整型	割紋	烘烤

分割
合計發酵180分鐘（3小時）的麵團。在麵團表面及工作檯上撒放手粉並移出麵團。

18

長棍麵包與巴塔麵包都分割成350公克。

19

♠仁瓶師傅
分割後的滾圓，將切開的斷面往底部集中，由上向下敲扣以排出大的氣體。
再者，為使後續方便整理，將長棍麵包（Baguette）滾圓成蛋形，巴塔麵包（Bâtard）滾成圓形，靜置進行中間發酵。

滾圓（長棍麵包Baguette）
將麵團平整面朝上，拍打出表面較大的氣泡。

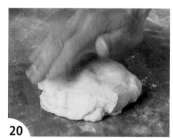

20

滾圓（巴塔麵包）
將麵團平整面朝上，拍打出表面較大的氣泡。

20

彷彿包覆全部麵團般，將切開的斷面向內包裹。

21

21

同左。

將麵團放置於工作檯上，邊由外側朝自己的方向拉動，邊使其底部磨擦般地整型成蛋形。

22

22

將麵團放置於工作檯上，邊由外側朝自己的方向拉動，邊使其整型成圓形。巴塔麵包較長棍麵包短，分割滾圓時，圓形較蛋形更方便後續的進行。

整型。

23

在25℃室溫下進行中間發酵。

在25℃室溫下進行中間發酵。

90分鐘　　　　　　90分鐘　　　　25分鐘　　　　80分鐘　　　　30分鐘

攪　　　　　　　　壓　　　　　　　分　　　整　　　　　　割　烘
拌　　　　　　　　平　　　　　　　割　　型　　　　　　紋　烤
　　　　　　　　　排　　　　　　　‧
　　　　　　　　　氣　　　　　　　滾
　　　　　　　　　　　　　　　　　圓

♠仁瓶師傅
自薄型搬運箱取出麵團的同時，整型作業即
已開始。請勿隨意取出。

整型（長棍麵包）
輕輕撒上粉類，接合處朝下。如右側照片
般，在整型時避免將手粉撒在麵團滾動範圍
內。蘸上粉類的接合處不易閉合。

輕輕拍打以排出氣體，整合形狀。如右側照
片般，手不是平壓麵團，而是鼓起的狀態，
因此麵團不會被壓扁。

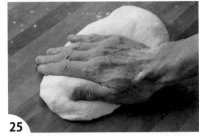

翻面，由自己的方向朝中央折疊1/3，使其
外側緊實。

由外側朝自己的方向覆蓋在整個麵團上，一
樣使表面呈緊實狀態。

麵團接合處朝正上方，並使其邊緣與26)麵
團的反折處略有重疊，以兩手姆指的指腹按
壓使其貼合。

接合處約是這樣穩定的程度即可。我個人喜
歡接合處呈一直線的狀態。自己的方向或外
側方向的麵團，都不僅是折疊而已，還使其
表面緊實地重疊。

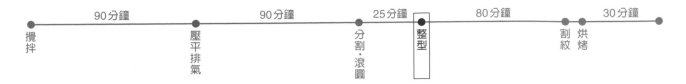

接合處用手掌確實按壓使其貼合。此時為避免麵團壓扁，除必要之外不要過度按壓。

30

將麵團外側朝自己的方向對折覆蓋，按壓麵團使其略為貼合。

31

首先，將單手放置於麵團的中央，手掌根部不離工作檯地朝前方滾動，使麵團表面緊實，並往返。重覆1、2次並將手往兩端移動。再以另一手輔助地，以相同方法用兩手前後地朝左右滾動。

32

不是用手按壓麵團，而是使手腕直立地使麵團在手掌中滾動，邊使其表面緊實邊朝兩端延展。藉由手掌的直立可以避免直接按壓在麵團上方。動作並不是摩擦表面使其延展，而是使表面緊實地延展。

33

慣用手的力道容易過強，所以必須將注意力集中在非慣用手，使麵團能展開成粗細均勻長60公分的形狀。右側照片中，從側面的照片就能瞭解手腕抬起的狀態。製作巴塔麵包（Bâtard）手腕會抬得更高。

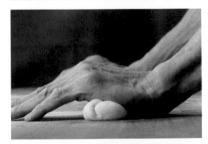

34

我個人比較喜歡一次就進行到喜歡的長度，而不是幾次延展修改。

♠ 仁瓶師傅
麵團強度太大時，可於過程中稍加靜置再作業至預定長度，麵團太鬆弛時，整型也要注意避免延展得過長。

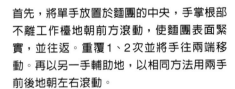

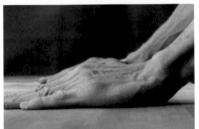

35

整型（巴塔麵包）

輕輕撒上粉類，接合處朝下。輕輕拍打以排出表面氣體。如右側照片般決不是用擀麵棍能完成的。

翻面，邊從自己的方向朝前折疊1/3，邊使麵團外側緊實。

與長棍麵包（Baguette）同樣地，從外側也折疊1/3。

從外側朝自己的方向，將麵團邊緣覆蓋，並使表面緊實。

接合處朝上地放置，以雙手姆指的指腹按壓折疊。

為了容易看清楚麵團狀況，而特地移開左手。

102

以手掌根部輕輕按壓接合處。

由麵團外側朝自己的方向對折覆蓋。對齊接合處並輕輕按壓。

將右手放置於中央，手腕抬起的狀態下用手掌根處，不離工作檯地朝外側移動。此時，朝向麵團接合處，使麵團表面緊實地動作。手回復時，指尖也同樣地使麵團表面緊實。右手朝右，左手朝左，雙手各朝左右移動。

不是按壓麵團，而是利用鼓起的手掌，邊轉動邊使麵團表面緊實，向左右兩端延展。但麵團並不是展延，而是如延展一般。抬起手腕，利用手的動作使麵團緊實表面。

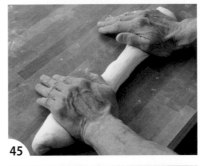

慣用手的力道容易過強，所以必須將注意力集中在非慣用手，使麵團能展開成粗細均勻長40公分的形狀。若兩端氣體因集中而鼓起時，可捏住或拍打。

90分鐘	90分鐘	25分鐘	80分鐘		30分鐘
攪拌	壓平排氣	分割·滾圓	整型	割紋	烘烤

擺放於布巾上,進入最後發酵約80分鐘(依麵團鬆弛情況,時間也略有差異)。

47

為了在最後發酵時麵團即使膨脹,表面也不致相黏,必須確保布巾的間隙及皺摺高度。

48

在放滿80分鐘前,必須確認最後發酵是否確實充分完成。觸碰麵團時,若有很強的回彈,則是尚未熟成,反之留下按壓指痕時,表示過度發酵了。

49

用指尖輕輕按壓麵團。

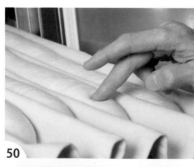

50

略微殘留指尖痕跡的狀態即可。

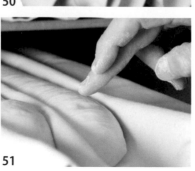

51

將適度最後發酵的麵團由布巾上取出。

52

放置於取板上,再翻轉至滑送帶(slip peel)上。(最後發酵時朝上的表面,移至滑送帶時也是朝上)。

53

割紋
以食指和姆指抓握割紋刀的握柄,用中指橫向按壓於其上。避免刀刃垂直地劃入。

54

割紋的研究

劃切割紋的目的，是為藉此使麵團在烤箱內延展時的力量能均勻平衡、逸散水分而能烘焙出良好的口感。長棍麵包（Baguette）、巴塔麵包（Bâtard）的劃切方式，根據Calvel教授在日本時教授的手法，基本如下。

1 割紋的長度與間隔

長棍麵包（Baguette）

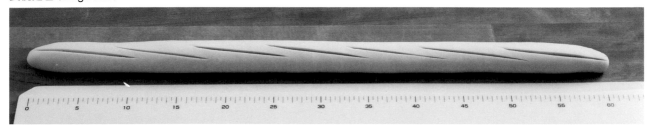

巴塔麵包（Bâtard）

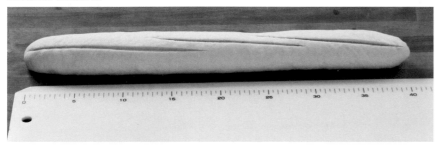

長棍麵包（Baguette）、巴塔麵包（Bâtard）的割紋各如照片所示。

需注意的重點在於，每一道割紋的長度都是相同的。並且非常重要的是，割紋與割紋間的重疊部分過長過短都不好，並且要保持重疊部分的幅度不會過窄或過寬。再者，刀刃劃入麵團過深時，烘焙時割紋處立起的麵包表層會變厚，所以要非常注意。

初學者可以擺放量尺地進行練習。

割紋，有些個人的習慣，有人最初、或最後的割紋會較長等，希望大家的割紋3道都是等長的。

2 割紋劃切的角度

刀刃前端劃入麵團表面時，若以直角劃切（朝向麵團斷面中央）則割紋會向兩側張開，而不會變成像屋簷般。想要像屋簷般的割紋時，就要像削切下表皮般地劃入即可。

烘烤

放入蒸氣，在上火240℃、下火230℃狀態下放入烤箱後，烘烤30分鐘。

根據麵團延展膨脹狀態，可能會有烘烤色澤上色較快或較慢的狀況，所以不要僅以
出爐時的烘烤色澤來判斷，試著敲擊麵包底部，確認聲音清徹與否也是必要的。

▶照片中，是每分鐘巴塔麵包（Bâtard）的狀態

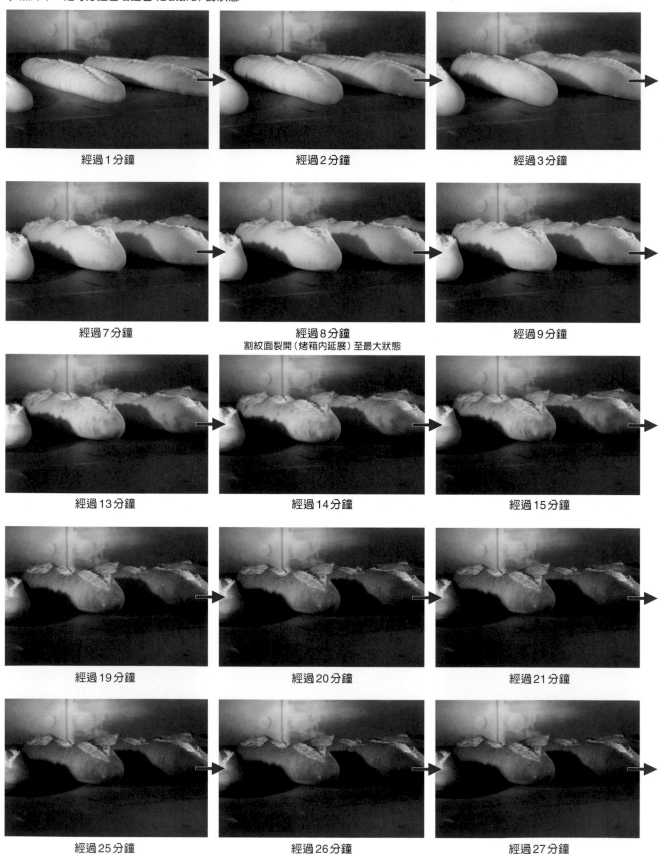

| 經過1分鐘 | 經過2分鐘 | 經過3分鐘 |

| 經過7分鐘 | 經過8分鐘
割紋面裂開（烤箱內延展）至最大狀態 | 經過9分鐘 |

| 經過13分鐘 | 經過14分鐘 | 經過15分鐘 |

| 經過19分鐘 | 經過20分鐘 | 經過21分鐘 |

| 經過25分鐘 | 經過26分鐘 | 經過27分鐘 |

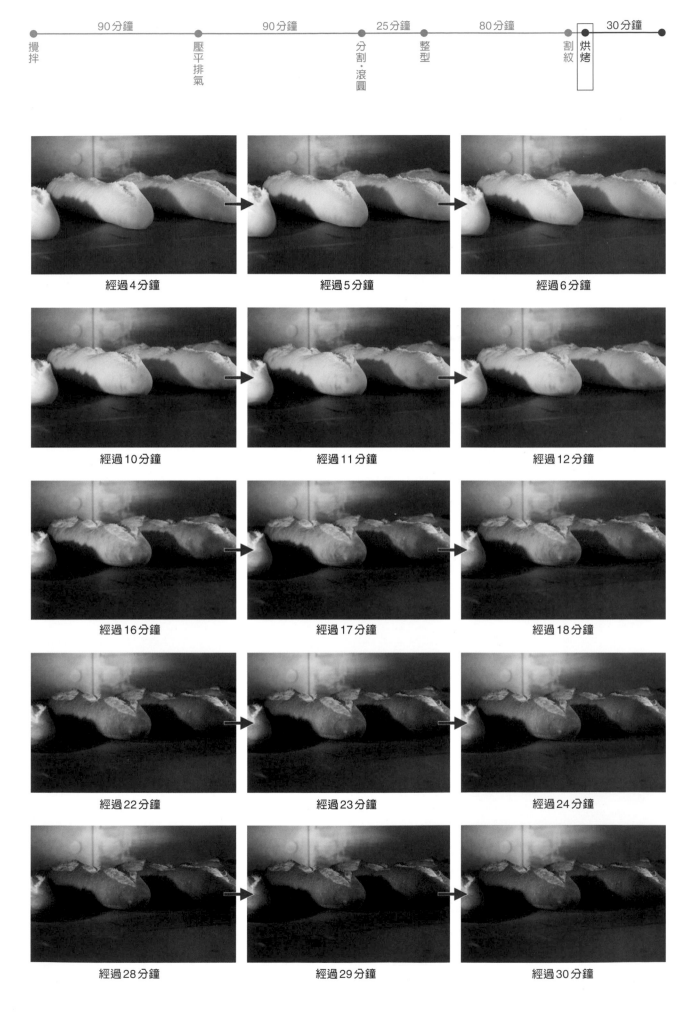

長棍麵包 & 巴塔麵包
日本的誤解

長棍麵包（Baguette）
改變粉類會變成什麼樣子呢？

在法國，長棍麵包（Baguette）本來是以T55的麵粉（灰分0.5～0.6）來製作，最近使用T65麵粉（灰分0.62～0.75）的店家也變多了。併用液態酵母種（Levain liquide）時，也有T65產生雜味的狀況；以直接法製作時，使用T65也可能有殘留麥麩氣味的情形。

在日本，混合石臼碾磨粉，製作出自然風格長棍麵包（Baguette）的店家也變多了，但將長棍麵包（Baguette）加味成像鄉村麵包（Pain de campagne）般，不也是本末倒置嗎。

直接法中，用T55麵粉製作長棍麵包（Baguette），可以說能嚐到最美味的麵包。當中添加灰分成分較多的粉類、液種法、液態酵母種（Levain liquide）添加法等，變化了製作方法，風味應該也會有無限大的可能。但再怎麼變化，長棍麵包（Baguette）還是長棍麵包。誕生於巴黎的長棍麵包（Baguette）對巴黎人而言，就是最基本的麵包，即使是傳統的長棍麵包（Baguette），也只不過是約1.1¢的麵包。

如果長棍麵包（Baguette）賣得像寶石般昂貴，它也就不再是長棍麵包（Baguette）了吧…。無論怎麼說，長棍麵包（Baguette）都是日常麵包、家庭麵包。假設若有稀有品種的米煮成的飯，就算只能吃1小杯的量，也不會因而就說它不是白飯了吧。

若長棍麵包（Baguette）只要薄薄地切片，食用1～2片就能令人滿足，即使形狀是長棍，也不能稱之為長棍麵包（Baguette）吧，是這樣的嗎…。

長棍麵包（Baguette）中，想要追求小麥顆粒裡全部的營養，卻又有些不太合理。whole wheat flour（全麥麵粉）的麵包，用於除了長棍麵包（Baguette）以外的麵包製作，應該都能做出各有風味的麵包。長棍麵包（Baguette）純粹的美味是另當別論的。

在法國，有法國麵包嗎？

在我進入DONQ的1970年，青山店在除夕當天，法國麵包的預備材料用量超過1000公斤。還不是像現在這樣，利用法國麵包麵團中包入培根、起司等各式商品化麵包的時代，所以預備的麵團都只是做成法國麵包，像是2里弗爾（deux-livres）、巴黎的麵包（Parisien）、長棍麵包（Baguette）、巴塔麵包（Bâtard）、圓球型（Boule）大‧小、橄欖型（coupé）、蘑菇型（Champignon）這些品項，預備作業的材料就用了1公噸以上。而其中有七成都是巴塔麵包（Bâtard）。

現在說長棍麵包（Baguette）已經是世界共通了，但在當時長棍麵包（Baguette）的名詞是不重要的小品項，全部都統稱為「法國麵包」。

那麼，到了法國如果用「法國麵包」的發音是否說得通呢？如果這麼說，只會落得被嘲笑的下場吧。法文是稱為「Pain français」。就像日本人對其他的，像是山型吐司麵包稱為「英式麵包」、裸麥麵包稱為「德國麵包」一樣，無論哪一種到該國去，都是無法使用的名稱。

如果稱之為Pain traditionnel 呢？

經常可以看到有些書上寫著「法國麵包在法國是稱為Pain traditionnel」，但實際上，法國也不這麼稱呼的。

過去Calvel教授實際演練時，第一發酵3小時的製作方法被冠以此名，但當時法國國內是以簡單製法為主流，傳統製作方法已經快被遺忘的時代，想在日本傳遞出最傳統的製作方法，而將此食譜配方的標題名為「Pain traditionnel」。因此，它並無法當成法國麵包的代名詞。

再加上，1993年麵包政令中，明確地定義了「法國的傳統麵包」，因此，如果沒有完全符合定義，就不能稱之為Pain traditionnel。

當然，在日本雖然沒有法令的約束力，但身爲法國麵包販售店，也應該要有這樣程度的認知吧。

法國麵包是多少公克？

麵團中的水分，在烤箱中蒸發才變成麵包。確實烘烤，水分會流失更多，相反地烘烤成略白的麵包，就是水分流失得太少即已完成。

在此希望大家思考的是，在日本，長棍麵包（Baguette）、巴塔麵包（Bâtard）都是以每條的價錢來販售的，所以顧客的關注焦點也不在每條麵包究竟有多少公克這件事。

另一方面在法國，相對於麵包的重量，在販售時是標示出來的。在巴黎購買長棍麵包（Baguette），是說「Une Baguette S'il vous plait（請給我一根長棍麵包」來購買，所以即使是法國，可能現在也是以每條多少錢來販售也說不定。但是，或許大家也會發現，架上還有寫著長棍麵包（Baguette）250公克、Retrodor則是300公克。

日本因爲是每條計價，所以假設店家因物價攀升而將長棍麵包（Baguette）麵團減少30公克，客人也無法有任何的不滿，但在法國賣250公克的麵包坊，若是重量較之前減少，是會引發抗議的。回想起來，過去歷史中也曾有麵包坊在重量上偷斤減兩的事。

二次世界大戰前，1935年出版Emile Dufour的著作，曾經提及300公克的長棍麵包（Baguette）和巴塔麵包（Bâtard），其麵團重量各是長棍麵包（Baguette）430公克（長度80公分、外圍周長15公分）、巴塔麵包（Bâtard）400公克（長度50公分、外圍周長23公分）。比現今的長棍麵包（Baguette）、巴塔麵包（Bâtard）更長。甚至，現在很多人可能對於300公克的長棍麵包（Baguette）都感到驚異訝然吧。

1970年在巴黎，250公克的長棍麵包（Baguette）正式登上價格表之前，長棍麵包（Baguette）是300公克的。Viron的Retrodor直營店Au Petran d'Antan，即使是現在仍有300公克的長棍麵包（Baguette）（右側照片）。巴黎的長棍麵包大賽（La meilleure baguette de Paris）的規則也規定是250～300公克。順道一提的是，在法國的鄉下，長棍麵包（Baguette）是以200公克來販售的。

麵包坊內賣的是「烤好的麵包」

在麵包坊內，不可能賣生的麵團。這個道理意外地日本人並不理解。日本人認爲，在法國決定了麵團重量，則長棍麵包（Baguette）的麵團重量就必須是350公克。因此不要認爲，當要烘烤成250公克的麵包時，只要麵團烘烤得不那麼徹底，330公克的麵團也OK。

賣麵包、還是賣水桶

在DONQ店內，以前常可見到寫著「バケット」的商品價格卡片。法文的拼法是Baguette，無論怎麼看，要用日文假名來標示都只能寫成バゲット，但可能因爲不好發音，所以也會有寫成是バケット的狀況。更不應該的是，過去在法國很有名的品牌，在日本展店時氣勢如虹地製作了型錄，但上面並不是寫著日文的「バケット」而是寫著捏造著的法文「Baquette」。這不是麵包而變成水桶了嗎。

我在公司看到商品價格卡片寫著バケット時，當時曾經怒道「DONQ不是雜貨店！」，而此時對方的臉上總是出現「不過只是假名一字之差而已，爲什麼要那麼生氣呢」的表情。

當時我雖然如此說，但其實在1970年進青山DONQ廚房時，也是依前輩所言地稱之爲「バケット」的。

何謂美味的法國麵包？

法國的麵包製作，背後的內幕

「即使在法國，也是用Instant Dry Yeast來製作法國麵包」，麵包業界的很多年輕人都這麼認為。

現今的法國，每週工作35小時、1天工作7小時，共5天。如果麵包師7小時內定時工作後就能回家，真是沒有比這更令人開心的事了，但這樣就應該會波及麵包品質。因此在法國採取了各式各樣的冷藏法。麵團冷藏、分割麵團冷藏、整型冷藏等。

在DONQ，除了標準的長棍麵包（Baguette）之外，製作特色的長棍麵包時也會採用冷藏法，但標準品的長棍麵包品質不變。

Calvel教授初次訪日的昭和29年，根據當時的記錄，一次發酵（pointage）是4小時～4小時30分鐘。而10年後再來日本時，變成了3小時。這反映出了當時巴黎一次發酵（pointage）時間的縮短。

試著計算燒減率發現⋯

所謂的燒減率，是麵團重量減去烘烤完成時的重量，即可得出烘烤時流失的水分重量，指的就是水分重量相對於原麵團量的比例。

例如，製作長棍麵包（Baguette）時，在日本，麵團大多是以350公克分割、整型、烘烤而成，要將此麵團重量烘烤成250公克的長棍麵包（Baguette）時，其流失的水分量就是100公克，所以以100÷350，得到28.6%的燒減率。但如果烘烤至這個程度，表皮會變厚。通常會烘烤至260公克左右，此時燒減率大約是25.7%。即使如此，有很多顧客喜歡"Bien cuit"（烘焙良好）長棍麵包的麵包坊，當然也會確實烘焙以提高燒減率。

比長棍麵包（Baguette）更粗的巴塔麵包（Bâtard），表面積較少，當然燒減率也較低。所以日本將烘焙成250公克的長棍麵包（Baguette）麵團重量，與同樣250公克的巴塔麵包（Bâtard），分割成相同重量的麵團，如此的麵包製作常識，真是很有問題。

喜歡麵包的人有三類

世上有喜歡長棍麵包（Baguette）和貶低長棍麵包的人。貶低長棍麵包最具代表性的就是已故的Lionel Poilâne先生。在他的書中曾經寫道「長棍麵包並不是那麼令人感動的東西。只不過是以巴黎人自居者，卑俗的"改變風格的麵包"而已。香脆的口感也立刻就消失…」，被批評得一塌糊塗。當然會這麼說，是以自己麵包坊（Pain Poilâne）圓形大麵包（Miche）才是理想的麵包，潛意識地拉抬之故。

但是，在此書完成的1981年當時，法國的長棍麵包（Baguette）確實是最差的時候，被Lionel Poilâne先生貶低，也無話可說的品質。

另一方面，喜歡長棍麵包的人，對於粉類、製作方法以至於製作出的長棍麵包（Baguette），都是熱切擁護。特別是巴黎也製作「傳統的長棍麵包」，所以法國麵包已經不再是被貶低的對象，不如說更是「樂在食用」的狀態。

而世間還有一種類型。無論是長棍麵包（Baguette）或圓形大麵包（Miche），只要好吃兩者都喜歡的人，Calvel教授正是。他的書中曾有這樣的記述。

「圓形大麵包（Miche）的風味強，農村風格帶著隱約的酸味，相較於以酵母Yeast製作的代表－長棍麵包（Baguette），風味更細緻、更優雅、也更能嚐出小麥原本的風味。但若是兩者皆經由必要的步驟完成製作時，我也不認為圓形大麵包（Miche）會比酵母麵包更美味更優雅。適切地調整發酵種Levain的圓形大麵包，與利用酵母促進酒精發酵，適當程序下製作的長棍麵包（Baguette），兩者的品質優點相同，無論哪一種都令人食慾大振。」

我也認同第三項意見。

一流飯店的餐食麵包

根據師承帝國飯店麵包之祖，Ivan（イワンサゴヤン）先生的小林秀雄先生之言，Ivan先生所教授的麵包，是在餐廳和宴會時會使用的硬式餐包（Hard rolls）和奶油卷（Butter rolls）2種，還有製作三明治所用的山形吐司，以及被稱為黑麵包的裸麥麵包，並不是法國麵包。

日本人並不喜歡硬麵包這件事，不知道是未被提及，或是Ivan先生自己也不喜歡沒有添加砂糖和奶油的麵包。

即使是帝國飯店這樣的地方，用餐時的麵包仍是添加了副材料的種類，通常是Ivan rolls和奶油卷（Butter rolls）。昭和29年，Calvel教授首次在日本烘烤不使用砂糖、油脂的法國麵包，在此之前明治以來，製作法國麵包的麵包坊，究竟都是用什麼樣的配比來烘焙法國麵包的呢…。

長棍麵包（Baguette）在巴黎進化

長棍麵包（Baguette），在巴黎的麵包坊內購買後，並沒有在家裡放置太久，就會食用完畢，所以麵包歷史的演進也變得越來越細。

另一方面，像是在日本買了麵包後，翌日食用的狀況，細長的麵包老化會很快，因此像巴塔麵包（Bâtard）這樣有著較多柔軟內側的麵包，就變成了一般常見的麵包了。

使用灰分較少的麵粉，製作出略略奢侈的長棍麵包（Baguette），在巴黎這樣的都會中進化著。雖然在營養學上較不討喜，但我個人卻覺得這是擁有著無上「樂在食用」的麵包。

與生活合而為一的法國麵包

保持長棍麵包（Baguette）香脆的秘技

　　長棍麵包香脆（croustillant）的口感是其命脈。回想起來，過去就常有人說：「最佳享用時間是2小時後」的話，真是太暴殄天物的說法了。放置2小時後，表層外皮就開始「回軟」，最佳享用的時間應該在此之前。也有「略加散熱後最美味」的說法，無論哪一種，結論是即使烘焙完成，也需要等待不能立即食用。

　　烘焙麵包，是在烤箱中將麵團內的水分蒸發。出爐後數分鐘內還是持續蒸發（散發熱氣）。蒸發至某個程度後，啪地切開食用，表層外皮香脆地發出悅耳的酥脆聲，柔軟內側則是具潤澤的嚼感，可以說…不愧是只有麵包師才能嚐到的寶貴美味。

　　表層外皮的香脆，假設想要在6個小時後仍能嚐到，其實是有秘技的。就是將出爐長棍麵包的柔軟內側，儘可能不要放置地迅速先行挖出食用。如此一來，殘留下的表層外皮無論什麼時候都不會「回軟」（不會變得軟趴趴的）。

　　表層外皮的「回軟」，是因為柔軟內側的水分隨著時間而逐漸移至表層外皮所致。水分會由「多」往「少」的方向移動…。

　　真希望社會的「財富」也能像這樣分配，但非常可惜的是貧者就像是失去柔軟內側的表層外皮般，永遠都是乾巴巴的。

餐廳的麵包

　　兒子結婚喜宴決定以法式進行，因此回絕了餐廳，由我自己來製作麵包。

　　正巧手邊有法國有機標章的麵粉，因此前一天先預備了麵團放置冷藏一晚。翌日打算配合婚禮宴席的時間，自己烘烤麵包，但想到若是婚宴開始時，新郎的父親不在場似乎不太好，所以請了DONQ的S先生來幫忙烘焙。因為是計算好食用的時間點，再進行烘烤，所以列席者入口品嚐時，正是最佳的食用時間。會場上被要求在料理長說明料理之後，對麵包進行說明，所以就胡亂說了一通…，麵粉是使用法國進口的有機麵粉，放置一夜發酵…之類的話。可能是這些話打動了人心吧，從宴會開始至結束為止，幾乎所有的人都來跟我說：「麵包真是太美味了！」。

　　對麵包師而言，這真是令人欣喜，但此時做出的小麵包雖然是平日慣常食用的美味，但也並非一日千里似地格外美味，所以引發了我許多想法。

　　首先，幾乎所有的列席者，至今是否未曾在最佳時間食用過法國麵包呢？因為在最佳時間品嚐，美味是倍增的。

　　其次，在食用前經過推廣說明，所以增添了附加價值，如果沒有這樣的介紹和說明，或許大家只會認為是法式料理的搭配麵包，而沒有任何想法地食用了。

　　當時，我用一種麵團，分別製作出原味與添加核桃的、半乾燥番茄的共3種口味。搭配料理一起食用，我想這樣的程度就已非常足夠了。

　　但沒想到日前去的餐廳，竟然令人訝異地做出了十種口味的小麵包。

提到餐廳的麵包，最近流行的是兩端像針尖般細的形狀，有些會完全碳化，甚至有些店家會販售不知何時烘焙出來，已經劣化的小麵包。

表皮多且薄的麵包，劣化較快。而且販售給客人時，並沒有像法式麵包般再行加熱。

被稱爲麵包業界泰斗的金林達郎先生，任職於帝國飯店時，因爲討厭將麵包再加熱地端上餐桌，因此提案視上桌前2小時才開始配合烘焙麵包，這件事意外地鮮爲人知。

烘焙後2小時，小部分的麵包在餐桌上確實是最佳食用狀態，但若是由麵包坊配送的麵包，就會過了最佳食用時間，進入劣化期了吧。不是確認麵包狀態，而是根據現場狀況，不加熱麵包的餐廳居然變多的。

札幌的三星餐廳Restaurant Moliere，是一家可以讓人渡過無比幸福感的著名餐廳。在此搭配料理的麵包，就是在最佳食用的時間送出。也就是說，中道博主廚是以同等級地處理他的料理和麵包。

其他餐廳的主廚，是不會將麵包與料理同等對待處理的。

以前，在料理專業雜誌上，曾有著名的餐廳公開自製麵包的食譜，而上面標示出了與 Instant Dry Yeast 即溶乾酵母等量的麵團改良劑。麵團改良劑的用量居然是廠商標示基本用量的4倍。至少不會有麵包師使用超過標準的用量，更遑論4倍…。自此以來，我就養成了注意餐廳麵包的習慣。

有些店家的法國麵包乾巴巴的像麵麩，既不美味也不香（這被稱爲是「干擾料理美味的麵包」），也有的日本麵包坊，模仿法國有名餐廳的麵包製作販售。像這樣餐廳的工作人員，是否眞的覺得餐廳的麵包好吃？應該是把麵包當成搭配用的吧。

最近，在Michel Troisgros先生的「Maison Troisgros」餐廳，將烘烤成大型的麵包切成薄片，製作出開面三明治。他說「如果三星餐廳想要得到顧客眞正的滿足，那麼比起準備很多的小麵包，不如只準備一種能吃得出美味的麵包，切成1.5～2公分厚的片狀端出，則能持續有不同的變化」。

這個世界上，有很多是想做出「不干擾料理美味的麵包」，但卻製作出「沒有味道的麵包」的麵包師，但不應以「不干擾料理美味的麵包」爲準，而應該以「和諧料理」爲目標。

法國麵包師的代名詞

Grand、fort、et bête，是法國舊諺語。意指一個 Bon boulanger（好的麵包師）所必須具備的條件，包括「巨大（Grand）、有力氣的（fort）、並且（et）是笨蛋（bête）」。在沒有攪拌機的時代僅用手揉和，首要就是力氣，確實應該是個重要的因素。但即使如此，bête卻是多餘的。眞的，擁有大力氣的知識分子確實少見，可見世間都是如此看待專業麵包師的吧。

固齒與長棍麵包

給正在長牙的幼兒玩具中有稱爲「固齒用」的品項。但我在婚前就已經知道比這個更好用的東西，就是長棍麵包（Baguette）。

教我的是進入DONQ公司時，以法國麵包技術人員來日的Pierre Prigent先生。

他說：「在法國，長棍麵包（Baguette）底部的小片，可以給小朋友吸咬。具有固齒的意義呢」。即刻，二話不說地實踐在我家小朋友身上。

摘自1968年當時DONQ的商品型錄。

DONQ從法國雇用專業麵包師和專業糕點師

不止在法國麵包，在法國糕點的領域上，

都擔任著日本先驅者的角色。

フランスパン

Pains française

昔エジプトに生まれたパンは
ギリシャへ渡り　その後フランスに
伝えられ〈フランスパン〉として
デビューしたのは西紀前500年頃です
トンクでは小麦の風味をそこなわぬ様
心を配っております
〝フランスパンの本格派〟かみしめれ
ば～ 手作りの味が心に通います

- ドゥー・リーヴル
  Deux livres
- パリジャン
  Parisien
- バゲット
  Baguette
- バタール
  Batard
- フィセル
  Ficelle
- フォンデュー
  Fendu
- ブール
  Boule
- クッペ
  Coupé
- タバチエール
  Tabatière
- シャンピニオン
  Champignon
- パン・ドゥ・セーグル
  Pain de seigle
- パン・ドゥ・カンパーニュ
  Pain de Campagne

即使化繁為簡而論，直接製作法的長棍麵包（Baguette），
也是多樣化的一直改變。
在此，介紹最令人感興趣的3種。

- 1930年代以直接法製作的麵包

- 1854年以直接法製作的長棍麵包

- 不需揉和只需6次折疊的長棍麵包

1930年代以直接法製作的麵包

1935年名為Emile Dufour的專業麵包師所著「TRAITÉ DE PANIFICATION」書中，曾提及專業麵包師在晚上9點就寢前先進行麵團的預備作業，半夜2點半左右起床時，在攪拌缽盆中的麵團正好在室溫中發酵得恰到好處，書中附上照片加以介紹。

以此為參考，但考慮到睡眠時間不能再拉長一些嗎，因此將麵團移至溫度稍低的房間，將發酵時間拉長藉以改良的，就是這裡要介紹的製作方法。麵包師能更輕鬆、麵包能更好吃的一石二鳥之計。

Emile Dufour書中介紹的麵包是1935年左右，也就是世界大戰前巴黎的麵包陣容。烘焙完成的有2公斤(4里弗爾)的麵包、700公克(2里弗爾)的麵包、300公克(1里弗爾)的麵包、小型麵包等…，種類豐富也令人深感興趣。再加上這些麵包都記錄下長度、粗細、斷面圓周長度，所以能推測過去麵包的體積，也能夠使其重現。

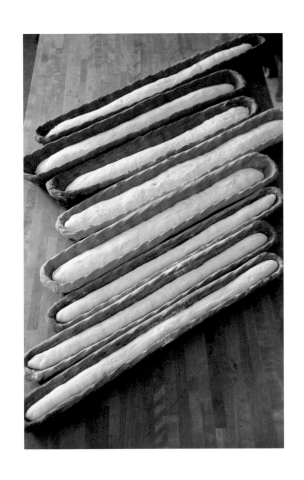

使麵團發酵一個晚上，酵母Yeast用量和放置麵團的房間溫度組合，在此僅為舉例，希望大家能夠在各別的職場找尋到最適合的條件。

在此，配方中的維生素C為零，水也沒有使用硬度特別高的水。

這裡介紹的麵包，在過去的「法國麵包·世界的麵包正統製作麵包的技術」(2001年　旭屋出版)一書中P.78、79的麵包，採用相同的流程。

我用這個方法，初次製作2公斤的Pain fendus，有機會在北海道小樽市忍路，丹野隆善先生的柴薪石窯烘烤。眼看著烘焙後重量達2公斤的大型麵包，在石窯中慢慢地烘烤，像是對專業人員的醍醐灌頂。

〔配比〕

	%	公克
麵粉（LYS D'OR）	100	1000
Saf 的 Semi Dry Yeast（紅）	0.1	1
鹽	8	18
麥芽糖漿（euromalt） （2倍稀釋液時為0.6 %）	0.3	3
水	69	690

〔工序〕

攪拌（螺旋型）　L2分鐘　自我分解30分鐘　L4分鐘　H0.5分鐘

揉和完成溫度　21℃

發酵時間　　30分鐘　壓平排氣　8小時（發酵室　18℃）

分割　　　　1里弗爾　長棍麵包（Baguette）　430公克

　　　　　　2里弗爾　長棍麵包形（Marchand de vin）　940公克

　　　　　　長的Fendus形　940公克

　　　　　　2里弗爾　短Fendus形　900公克

　　　　　　4里弗爾　Fendus形　2250公克

中間發酵　　25分鐘

　　　　　　Fendus無論哪一種都是20分鐘，配合最終完成的形狀，重新滾圓。

整型　　　　各別整型成所需形狀

最後發酵　　50分鐘長棍麵包（Baguette）、90分鐘（Fendus）（發酵室　27℃）

烘烤　　　　長棍麵包（Baguette）要割紋、Fendus則是接合處以水輕刷。蒸氣

　　　　　　上火240℃ / 下火230℃

　　　　　　長棍麵包（Baguette）（烘焙完成的重量300公克）　32分鐘

　　　　　　Marchand de vin（烘焙完成的重量700公克）　37分鐘

　　　　　　長Fendus（烘焙完成的重量700公克）　37分鐘

　　　　　　短Fendus（烘焙完成的重量700公克）　40分鐘

　　　　　　4里弗爾的Fendus（烘焙完成的重量2000公克）　55分鐘（過程中下火轉弱）

1930年代的麵包

2里弗爾的Marchand de vin 110公分（700公克）

1里弗爾的長棍麵包（Baguette） 80公分（300公克）

Marchand de vin

過去，Les Halles（中央市場）座落於巴黎中央時，為了滿足清早聚集買賣人潮的胃囊，推出輕食的店家被稱為「Marchand de vin」。而店家使用的輕食（casse-croûte）用麵包，也因而以此命名地稱為「Marchand de vin」，居酒屋等也會使用。

現在casse-croûte雖然是全面性地泛指三明治，但過去是指長條形麵包橫向用刀子剖開，塗抹奶油夾入火腿或起司等。

「2里弗爾」重的長麵包，若重量不變地加長時，可以取用的casse-croûte因而增加，結果會變成是超過2公尺長的麵包成品。日本的烤箱底部沒有這麼長的，但在法國一般的烤箱都能縱向放置3條長棍麵包（Baguette），所以不用擔心長麵包的烘烤，也都備有最後發酵使用的長型發酵成型籃。

（＝普通的）

2里弗爾的Pain fendus（ordinaire） 80公分（700公克）

（＝短的）

2里弗爾的Pain fendus（court） 50公分（700公克）

Pain fendus的內部

♠仁瓶師傅

在今日長棍麵包（Baguette）全盛期的稍早之前，1900年代初期，2公斤的大型Pain fendus非常受歡迎。當時的孩童抱著大型Pain fendus的照片，或是電影「普羅旺斯物語　初識艷陽天」當中，兩個少年買了大型麵包回家，還有母親將奶油塗在麵包上，作成大片的開面三明治的畫面。雖然法國人現在看似已經不太食用麵包，但當時仍是以麵包為主食，希望大家能想像那樣的時代，試著做做看大型麵包。

4里弗爾的Pain fendus 60公分（2000公克）

攪拌
將粉類放入攪拌機缽盆中,再放入麥芽糖漿2倍稀釋液。

放入水分。

轉動攪拌機,至粉類和水分都完全消失,再撒入酵母Yeast,立刻停止攪拌機。
自我分解30分鐘。

轉動攪拌機,放入鹽。

與普通的長棍麵包(Baguette)同樣地,麵團產生薄膜即可。移至薄型搬運箱。

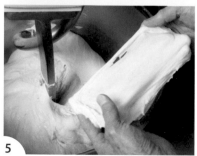

壓平排氣
放置30分鐘後的狀態。之後,在薄型搬運箱內將其折疊。

從外側、從自己的方向進行三折疊。

從左、右兩側各別進行三折疊。

在此取出膨倍計用的麵團,放入燒杯中,將燒杯連同薄型搬運箱一起放入17℃的地方,放置一夜使其發酵。

30分鐘		8小時		25分	90分鐘	
攪拌	壓平排氣		分割	整型		烘烤

分割

前一晚（照片9）開始放置8小時後的麵團。最後發酵中雖然不會滴落流動（drop），但取出放至工作檯上會略有流動。

若在最後發酵中產生滴落流動，就是過度發酵。

10

前天壓平排氣後的麵團狀態

17℃，經過8小時後的麵團

依照各別尺寸分割切下麵團。
（請參考下表）

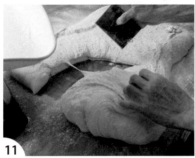

11

滾圓（照片中是2250公克的麵團。在20分鐘後再次重新滾圓，邊視情況邊將其暫時靜置）。

12

♠仁瓶師傅

前天夜裡預備材料，至翌日早晨進行分割前的發酵時間若是6小時左右，則室溫設定於22℃，並且確認發酵狀態。
配合作業開始時間完成麵團的製作，像這樣變化發酵室溫的方法，與另一個變化酵母Yeast用量的方法。若酵母Yeast用量極端少量時，也可以利用室溫，使其發酵10小時。但即使酵母Yeast用量確實微量，但經過一段時間仍會產生氣體散逸，這就是麵包烘烤後使其發酵的香氣越形淡薄的原因。

分割重量與烘烤後重量的標準參考表

	分割重量	烘烤後麵包重量	烘焙後的形狀
1 里弗爾長棍麵包（Baguette）	430公克	300公克	80公分 Baguette
2 里弗爾 Machand de vin	940公克	700公克	110公分 長的 Baguette形
2 里弗爾 Pain fendus（ordinaire）	940公克	700公克	80公分 細長的 Fendus
2 里弗爾 Pain fendus（court）	900公克	700公克	50公分 短的 Fendus
4 里弗爾 Pain fendus	2250公克	2000公克	60公分 Fendus

註）雖然4里弗爾60公分長的 Pain fendus 實際上是以2公斤來販賣，麵包名稱也是以2里弗爾、1里弗爾等重量名稱來命名，但實際上麵包的重量並未達到名稱之重量。（2里弗爾是1公斤的意思，但麵包重量僅有700公克，1里弗爾的麵包就只有300公克。）

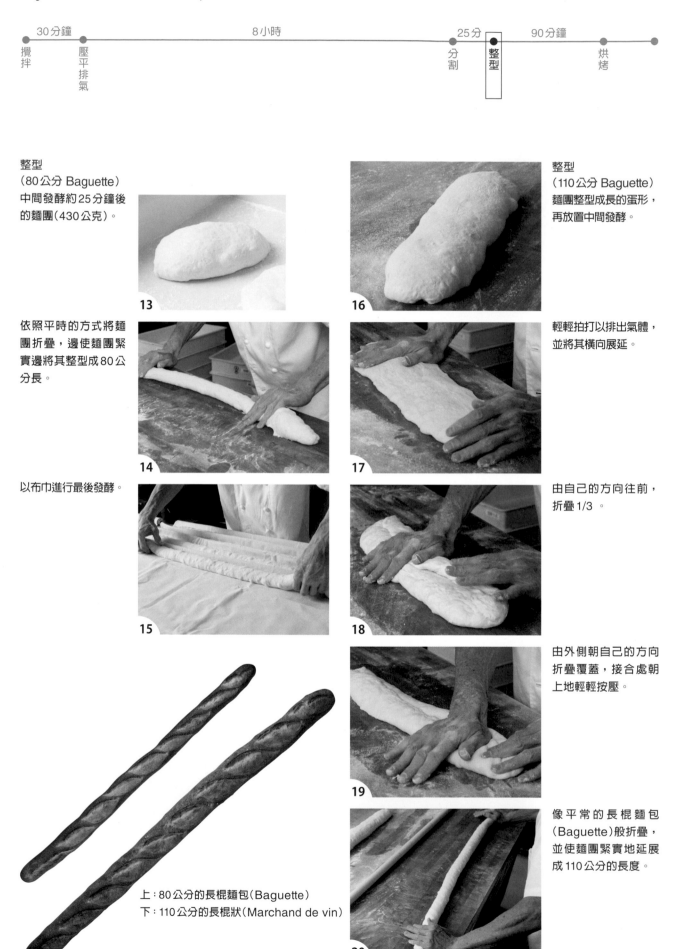

30分鐘　　　　　　　　　　8小時　　　　　　　　25分　　90分鐘

攪拌　　壓平排氣　　　　　　　　　　　　　分割　整型　　　烘烤

整型
（80公分 Baguette）
中間發酵約25分鐘後
的麵團（430公克）。

13

依照平時的方式將麵
團折疊，邊使麵團緊
實邊將其整型成80公
分長。

14

以布巾進行最後發酵。

15

上：80公分的長棍麵包（Baguette）
下：110公分的長棍狀（Marchand de vin）

整型
（110公分 Baguette）
麵團整型成長的蛋形，
再放置中間發酵。

16

輕輕拍打以排出氣體，
並將其橫向展延。

17

由自己的方向往前，
折疊1/3。

18

由外側朝自己的方向
折疊覆蓋，接合處朝
上地輕輕按壓。

19

像平常的長棍麵包
（Baguette）般折疊，
並使麵團緊實地延展
成110公分的長度。

20

30分鐘　　　　　　　　　8小時　　　　　　　　　25分　　90分鐘

攪拌　　壓平排氣　　　　　　　　　　　　　　分割　整型　　烘烤

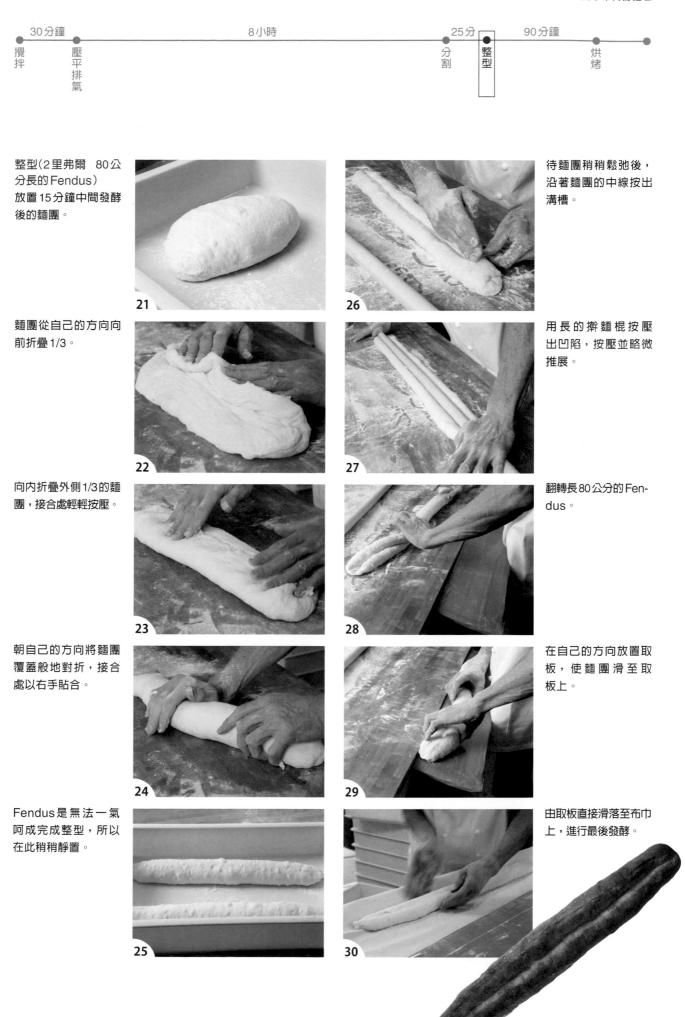

整型（2里弗爾　80公分長的Fendus）
放置15分鐘中間發酵後的麵團。

21

麵團從自己的方向向前折疊1/3。

22

向內折疊外側1/3的麵團，接合處輕輕按壓。

23

朝自己的方向將麵團覆蓋般地對折，接合處以右手貼合。

24

Fendus是無法一氣呵成完成整型，所以在此稍稍靜置。

25

待麵團稍稍鬆弛後，沿著麵團的中線按出溝槽。

26

用長的擀麵棍按壓出凹陷，按壓並略微推展。

27

翻轉長80公分的Fendus。

28

在自己的方向放置取板，使麵團滑至取板上。

29

由取板直接滑落至布巾上，進行最後發酵。

30

123

30分鐘　　　　　　　　　8小時　　　　　　　　　25分　　　90分鐘
攪　　　壓　　　　　　　　　　　　　　　　　　　分　　整　　　　烘
拌　　　平　　　　　　　　　　　　　　　　　　　割　　型　　　　烤
　　　　排
　　　　氣

整型（2里弗爾　50公
分短的 Fendus）
放置15分鐘中間發酵
後的麵團（900公克）。

31

與長的Fendus同樣折
疊。（P.123）

32

將接合處貼合。

33

Fendus無法一氣呵
成完成整型，所以在
此稍稍靜置。

34

待麵團稍稍鬆弛後，取
出放置於工作檯上。

35

沿著麵團中線地按出
溝槽。

36

用長的擀麵棍按壓出
凹陷，按壓並略微推
展。必須注意避免損
及麵團地進行。

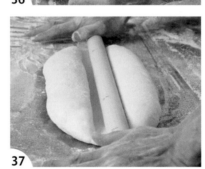

37

翻轉在布巾上，進行
最後發酵。

38

30分鐘　　　　　　　　　8小時　　　　　　　　　25分　　90分鐘

攪　　壓　　　　　　　　　　　　　　　　　　　分　整　　　　烘
拌　　平　　　　　　　　　　　　　　　　　　　割　型　　　　烤
　　　排
　　　氣

整型（4里弗爾　60公
分的Fendus）
20分鐘中間發酵後的
麵團（2250公克）。

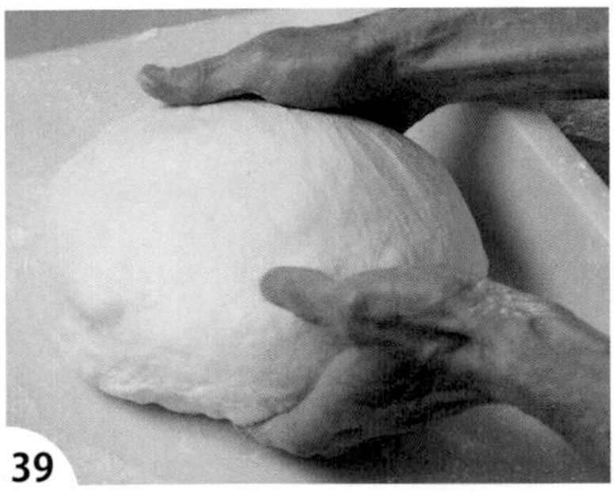

39

待麵團稍稍鬆弛後，取
出放置於工作檯上。

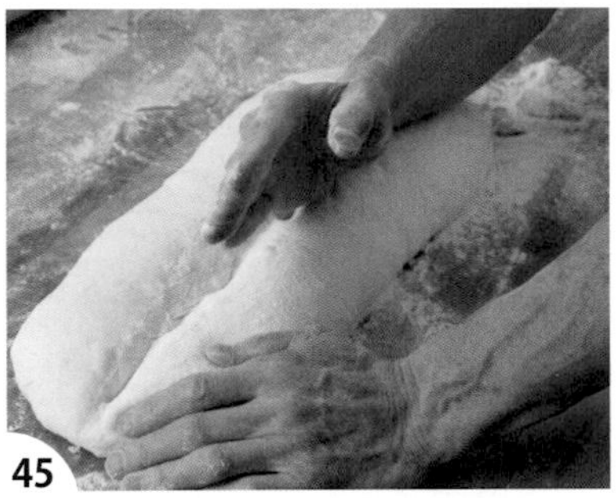

44

輕輕拍打以排出氣體。

40

沿著麵團中線地按出
溝槽。

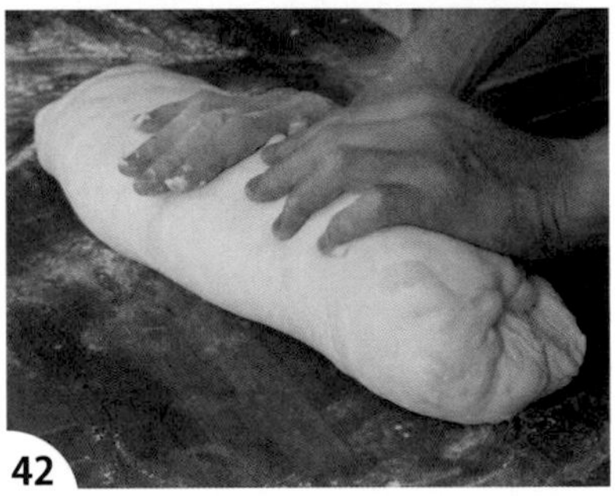

45

從自己的方向朝外，與
外側朝內折疊，利用手
掌使接合處貼合。

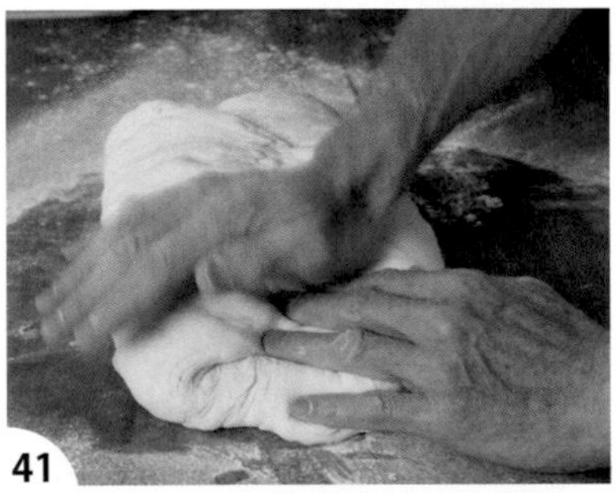

41

過去的專業麵包師
並不是用擀麵棍，
而是用手腕來整型
Fendus。

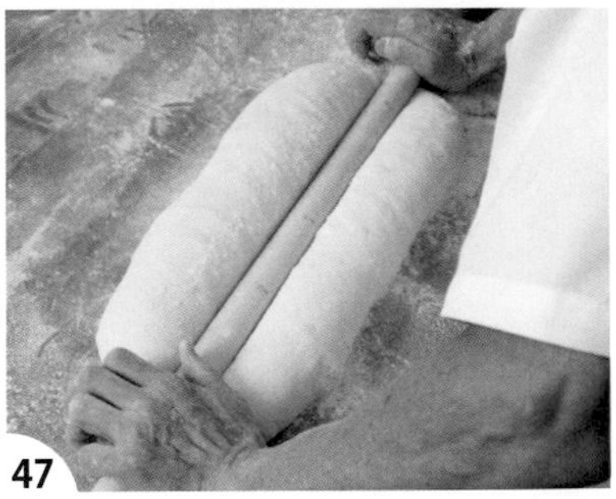

46

對折。

42

現代專業麵包師用擀
麵棍將麵團薄薄地
擀壓開。上下轉動擀
麵棍，將擀薄的麵團
推得更寬。取出擀麵
棍，使上下麵團靠近。

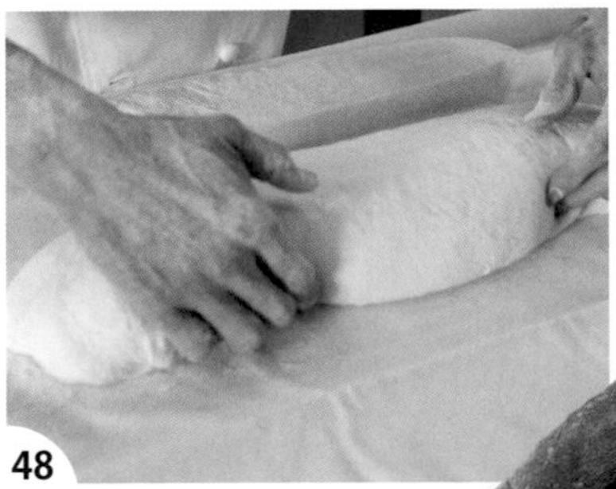

47

Fendus無法一氣呵
成地完成整型，所以
在此稍稍靜置。

43

翻轉於布巾上，進行
最後發酵，但要注意
放置方法。

48

最後發酵
Marchand de vin
110公分在布巾上的
最後發酵。本來是要
以發酵成型籃進行，
但長度超過現有發酵
成型籃，因此用布巾
進行最後發酵。

49

53

Fendus形底部朝上
地進行最後發酵，恢
復正面朝上地擺放於
滑送帶。

割紋
移至滑送帶上，劃切
割紋。割紋的數量並
沒有固定。

50

54

為使Fendus的裂紋
容易成形，用毛刷將
水刷塗在擀麵棍按壓
成形處。

烘烤
試著確認成品重量。

51

55

小的Fendus形，也
同樣地以水刷塗。放
入烤箱的蒸氣多些也
無妨。

2里弗爾的Marchand
de vin麵團是以940
公克分割，烘焙完成
後成為702公克（燒減
率25%）。

52

126

1954年以直接法製作的長棍麵包（Baguette）

若問日本的法國麵包，基本是3小時發酵的直接法，與1954年的製作方法最大的不同為何？答案是發酵時間的長短。1954年的製作方法比起現在的標準製作方法更長。（1930年雖然也有更長時間發酵的製作方法，已於前項介紹過了。）

Calvel教授初次訪日的1954年當時，有著教授之名的保證進而在全日本的講習會中發表的製作方法，就是直接法4小時發酵。

根據Calvel教授1952年所著「LA BOULANGERIE MODERNE」（日文版是パンニュース社（PANNEWS）出版的「現代法國麵包全書」），4小時發酵的必要在於法國新鮮酵母Yeast的用量，夏季是0.4%左右，冬天寒冷時需要0.9%，而氣候適中時是0.6%。但是（無論哪個季節）過程中，壓平排氣必須在3小時左右時進行。

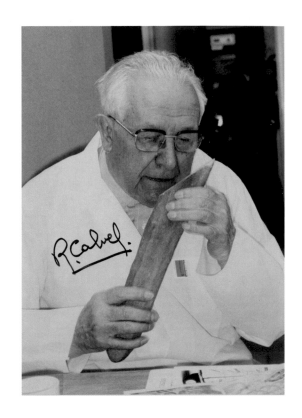

甚至，他主張直接法適合長時間發酵。當時麵粉的力道較現在弱，4小時的pointage（一次發酵）應該足以製作出好麵包吧。

另外，在著作中也發現到非常令人感興趣的記述。那就是麵包工廠內的室溫，若能滿足麵團揉和完成溫度的最低容許值，溫度不會較20℃低，晚間21點左右進行幾項材料預備作業的專業麵包師們，在睡眠後起床就能開始進入分割作業，早上就能將剛出爐的麵包上架了。新鮮酵母Yeast，此時使用0.3～0.4%，而完成的麵包風味佳且較為延遲老化。

而在此因為使用Saf的Semi Dry Yeast，所以麵團不添加維生素C等氧化劑。當然麵包的膨脹體積受到抑制，但也可以說連同這個部分，都是重現這個時代麵包的要素。

〔配比〕

	%	公克
麵粉（LYS D'OR）	100	1000
Saf 的 Semi Dry Yeast（紅）	0.3	3
鹽	2	20
麥芽糖漿（euromalt）	0.3	3
（2倍稀釋液時為0.6 %）		
水	69	690

〔工序〕

攪拌（螺旋型） L2分鐘 自我分解 30分鐘 L4分鐘 H0.5分鐘

揉和完成溫度 22℃

發酵時間 180分鐘（3小時） 壓平排氣 90分鐘（發酵室 27℃）

分割 350公克

中間發酵 25分鐘

整型 長棍（Baguette）形

最後發酵 70分鐘（發酵室 27℃）

烘烤 劃切割紋，放入蒸氣完成烘烤。
上火240℃、下火230℃，烘烤28分鐘 .

攪拌 ●────── 180分鐘 ──────● 壓平排氣 ────── 90分鐘 ──────● 分割・滾圓 ── 25分鐘 ──● 整型 ●割紋 ●烘烤 ───────●

攪拌
將粉類放入缽盆中，再加入麥芽糖漿2倍稀釋液。

放入水分。

按下開關攪拌至粉類、水分消失後，撒放酵母Yeast，攪拌至顆粒溶化為止。

開始自我分解時麵團的延展狀態。

自我分解結束時麵團的延展狀態。（麵筋是容易散開的狀態）。

再次打開攪拌機，撒入鹽。

麵團變得光滑。2速攪拌時間視需要調整。

延展時，薄膜的顏色呈現不均勻狀態。如果是均一的薄膜則是攪拌過度。

放入薄型搬運箱內使其發酵。

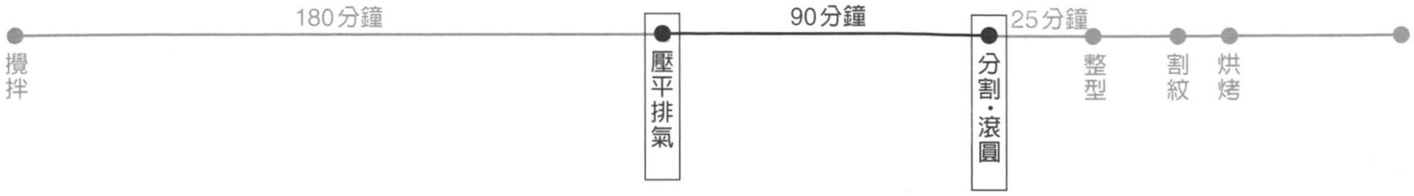

180分鐘　　　　90分鐘　25分鐘

攪　　　　　　　　　　　　壓　　　　　分　　整　割　烘
拌　　　　　　　　　　　　平　　　　　割　　型　紋　烤
　　　　　　　　　　　　　排　　　　　・
　　　　　　　　　　　　　氣　　　　　滾
　　　　　　　　　　　　　　　　　　　圓

壓平排氣
放置3小時發酵後的
狀態。

移至撒有手粉的工作
檯上。

輕輕拍打麵團以排放
氣體，由左右拉起進
行三折疊。

由上下同樣地拉起進
行三折疊。

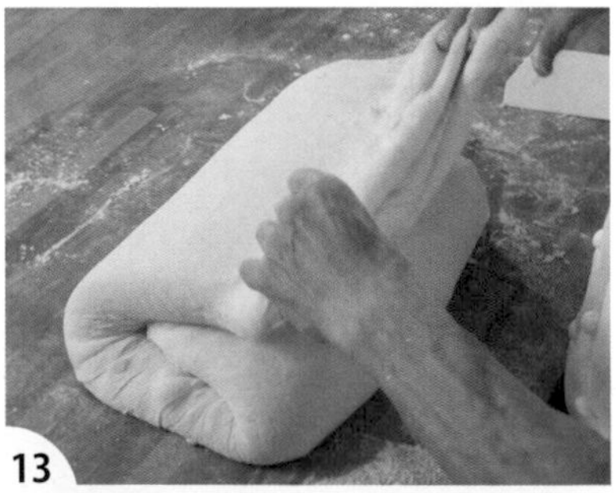

放回薄型搬運箱，與
9相同環境（發酵室
27℃）進行發酵。

分割・滾圓
照片中14開始經過
90分鐘的狀態。

將麵團移至撒有手粉
的工作檯上。

分割成350公克。

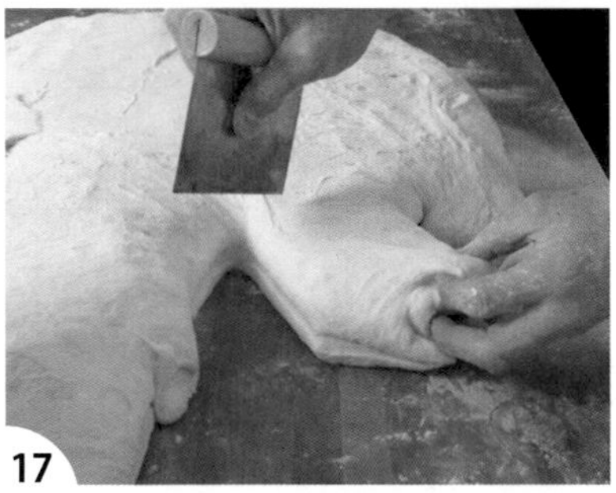

翻轉麵團，使平整面
朝上地進行「滾圓」作
業。

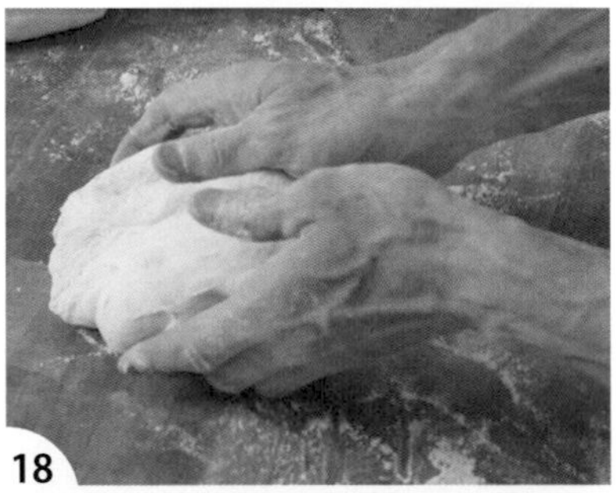

長棍麵包是滾圓至呈
細長狀。（中間發酵
25分鐘左右）

	180分鐘		90分鐘		25分鐘			
攪拌		壓平排氣		分割·滾圓		整型	割紋	烘烤

整型
整型成與普通的長棍麵包（baguette）相同。分別從外側朝內、自己的方向朝外地折疊麵團，接合處翻轉至自己的方向，閉合開口。

20

邊轉動邊使接合處轉至中央，以雙手的姆指指腹按壓。

21

用手掌底部確實按壓閉合。

22

從外側將麵團覆蓋至自己的方向。

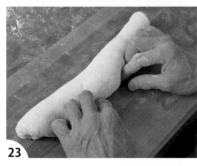

23

接合處垂直朝下，從中央處開始將手前後動作，以緊實麵團表面。

24

最後發酵應該比3小時長棍麵包快。

25

割紋
移至滑送帶上，劃切割紋。放入蒸氣、烘烤。

26

烘烤

27

不經揉和而僅以6次折疊製作的長棍麵包（Baguette）

這種麵包是住在美國佛蒙特州的知名麵包師（ARTISAN BOULANGER）Jeffrey Hamelman先生所傳授的。是很獨特的製作方法，僅用手輕輕在缽盆中混拌麵團，每30分鐘進行折疊，利用6次折疊以強化麵團的力道。

最初的混拌方式，雖然與法國Gerard Meunie先生的洛斯提克麵包（Pain rustique）相同，但洛斯提克麵包（Pain rustique）的折疊僅進行3次，這款麵包需要折疊6次。最初製作麵團時，曾想到如果要折疊到6次，那麼即使麵團沒有添加維生素C，也可以增加足夠的力道吧，這樣一廂情願的想像立刻出現了完全意料之外的結果，麵團完全無力，最後發酵也僅15分鐘就放入烤箱。結果當然成了沒有口感也不Q彈的麵包。

翌日，試著將一半酵母Yeast改用紅標的Saf Instant Yeast，雖然做出來的麵包外觀看起來似乎較膨脹，像是麵包的樣子，但風味還是那個沒有口感的麵包比較好。所以我又領悟出新的體驗，麵包不能僅從外觀來判斷。

之後，又試著強化折疊時的力道，像這樣總是一廂情願地試作不同的麵團，現在想起來仍覺得很有意思。

某次，在限定10人的研習會當中，我連同其他成員一起，每個人都試著烘烤這款麵包。大家各自考量需要使用的酵母Yeast種類和用量，水分用量也視自己個人喜好，而且同樣的都僅用手混拌，每隔30分鐘折疊共進行6次。等到烘焙完成的麵包並排後，再來確認其外觀和內相，同時也讓大家試吃和比較，發現許多的相異之處，真的很有趣。習慣之後，就如同Hamelman先生在「BREAD」一書中提到：試著挑戰增加水分，一定更能增添其中的樂趣。

Jeffrey Hamelman先生與金子千保夫婦（2001年訪日時所攝）

2004年美國出版的「BREAD」。2009年依原書裝訂的日文翻譯版（左）與美國出版的改訂版（右）

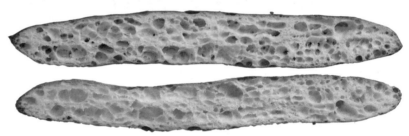

〔配比〕

	%	公克
麵粉（LYS D'OR）.....................................	100	1000
Saf 的 Instant Yeast（紅）........................	0.3	3
鹽	2	20
麥芽糖漿（euromalt）................................	0.3	3
（2倍稀釋液時為0.6%）		
水	73	730

〔工序〕

攪拌（手拌）

揉和完成溫度　22℃

發酵時間　　　30分鐘　折疊　30分鐘
　　　　　　　折疊　30分鐘　折疊
　　　　　　　30分鐘　折疊　30分鐘
　　　　　　　折疊　30分鐘　折疊
　　　　　　　30分鐘
　　　　　　　（在3個半小時的第一發酵期間，每隔30分鐘共進行6次折疊作業）
　　　　　　　（發酵室　27℃）

分割　　　　　350公克

中間發酵　　　15分鐘

整型　　　　　長棍（Baguette）型

最後發酵　　　50 ～ 60分鐘（發酵室　27℃）

烘烤　　　　　劃切割紋，放入蒸氣送進烤箱。
　　　　　　　上火240℃、下火230℃烘烤28分鐘

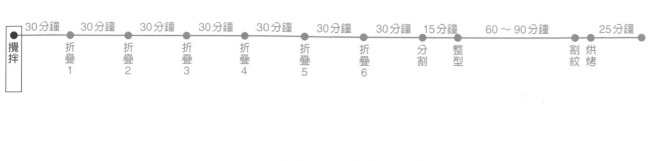

攪拌
將鹽溶於水中。

1

水分的部分用量放入
另一個缽盆中，將酵
母Yeast散開狀地撒
放進去。

2

在放入粉類的缽盆
中，加入麥芽糖漿2
倍稀釋液。

3

加入水分。

4

2的酵母Yeast略放
數十秒即會溶於其
中，所以立刻混拌。

5

開始用手混拌。

6

手沿著缽盆的內側插
入，大動作抓取般地
混拌。

7

不需要揉和，只需混
拌至粉類和水分消失
即可。

8

混拌完成目標溫度為
22℃。

9

♠仁瓶師傅
夏季，粉類溫度高時，預備材料的水溫控制在18℃以下，溶化酵母
Yeast的水，必須置換成30℃前後的溫水使其溶化。因為不是預備發
酵，因此溶化後立即使用。溶化酵母的水或溫水，約是酵母用量的10
倍以上較容易溶化。

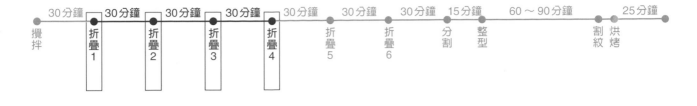

折疊1
從照片9經過30分鐘後的狀態。

10

刮板沿著缽盆內側伸至底部，朝中央翻入折疊。

11

翻入折疊10～15次的狀態。

12

折疊2
第1次折疊完成後，經過30分鐘的狀態。

13

翻入折疊10～15次的狀態。

14

折疊3
第2次折疊完成後，經過30分鐘的狀態。

15

翻入折疊10～15次的狀態。

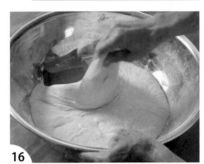
16

折疊4
第3次折疊完成後，經過30分鐘的狀態。

17

翻入折疊10～15次的狀態。

18

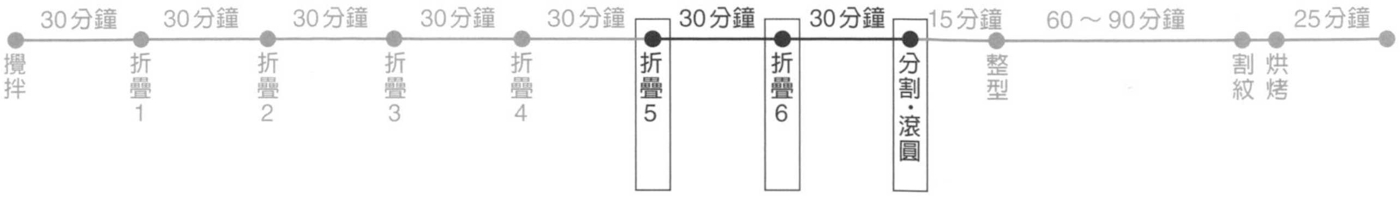

折疊5
第4次折疊完成後，
經過30分鐘的狀態。

19

翻入折疊10～15次
的狀態。

20

折疊6
第5次折疊完成後，
經過30分鐘的狀態。

21

翻入折疊10～15次
的狀態。

22

分割‧滾圓
第6次折疊完成後，
經過30分鐘，共經過
3個半小時的麵團。
工作檯上撒放手粉，
取出麵團。

23

進行分割時，若麵團
強度不如預期，可以
在滾圓時強化。

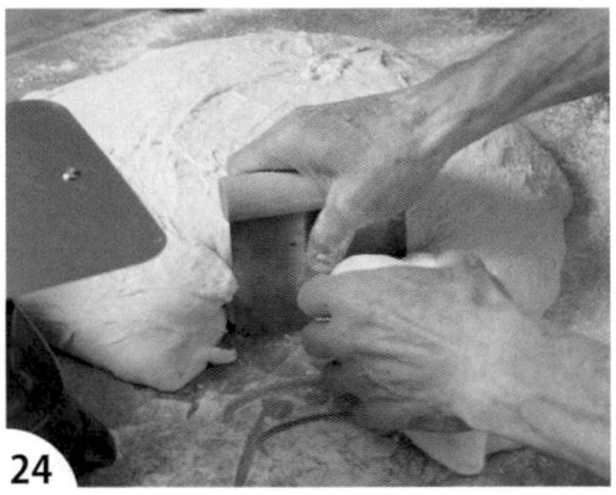

24

滾圓成用於長棍麵包
（Baguette）的狀態。

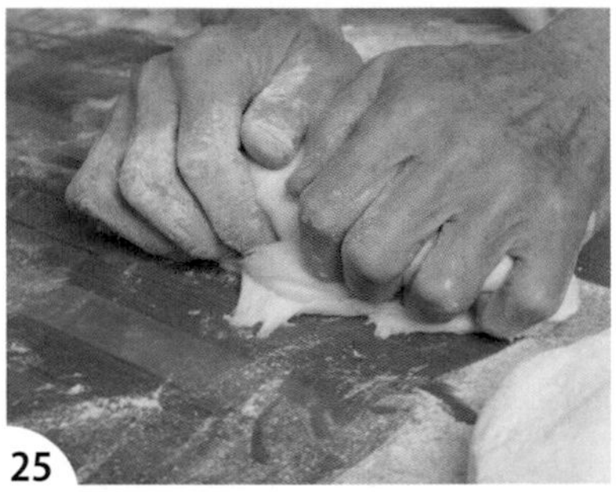

25

中間發酵可以根據麵團
強度加以判斷調整。

26

	30分鐘	30分鐘	30分鐘	30分鐘	30分鐘	30分鐘	30分鐘	15分		60～90分鐘		25分鐘
攪拌	折疊 1	折疊 2	折疊 3	折疊 4	折疊 5	折疊 6		分割·滾圓	整型		割紋 烘烤	

整型

整型與一般的長棍麵包（Baguette）相同。但這絕不是容易操作的麵團。

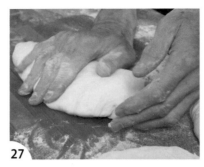

27

由自己的方向向外、外側向內將麵團折入。

28

將接合處轉至中央，以兩手指腹按壓。

29

再由外側對折麵團，用手掌確實按壓使麵團貼合。

30

中央處開始，邊轉動麵團邊使其表面緊實地延展至預定長度。

31

割紋·烘烤

最後發酵，如果不是可抓取的程度時，應該要及早放入烤箱。

32

移動至滑送帶上。

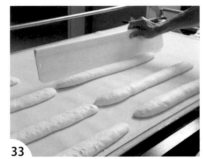

33

劃切割紋，放入蒸氣，烘烤。

34

♠仁瓶師傅

如果使用Saf的Instant Yeast（紅）能順利烘焙時，下次可以試著使用Semi Dry Yeast（紅），就能確實地感受有無氧化劑的差別了。

誕生於1983年的這款麵包，水分較長棍麵包多，
不揉和地製作麵團，在當時是劃時代的製作方法。
也因此在風味上，相對於長棍麵包般都會的優雅，
這款就是極為純樸的風味。

Pain rustique

洛斯提克麵包

摘自1984年パンニュース社（PANNEWS）
出版的「巴黎的麵包坊指南」一書。
Orque大道上開業時的Gerard Meunier
先生，與洛斯提克麵包（Pain rustique）的
唯一記錄。
洛斯提克麵包（Pain rustique）的商品說
明，也是來自Gerard Meunier先生本人。

目前已移店至巴黎郊區的Meunier夫婦

洛斯提克麵包（Pain rustique）的故事

　　洛斯提克麵包，是Calvel教授應巴黎19區Orque大道上開業，Gerard Meunier先生的要求，以長棍麵包（Baguette）麵團所發想製作出的特殊麵包。

　　Calvel教授的考量是長棍麵包（Baguette）麵團，用油壓分割機切成長方型，不經整型作業直接進行最後發酵，再烘焙而成。以此製作的洛斯提克麵包（Pain rustique），相對於長棍麵包（Baguette）1根2.7法朗的公定價，它的價格更高，與該店的鄉村麵包（Pain de campagne）販售的單價相同。新構想伴隨著品質，即使是用同樣的長棍麵包（Baguette）麵團製作，製品重量也相同，但卻能高於長棍麵包（Baguette）的販售價格。

　　Meunier先生買下麵包坊後，一直以此製作的長棍麵包（Baguette），都是pointage（一次發酵）近3小時的硬麵團。而Meunier先生再使其較平常更加吸收5%左右的水分，並且使用傾斜式攪拌機（Slant Mixer）（斜軸）只攪拌麵團5分鐘。這就是「多水分、不揉和」的麵團。

　　以這款Meunier式的麵團製作長棍麵包（Baguette），因為膨脹體積不佳、酸味極度被抑制，由此醞釀出的自然風味得到客人大力支持，店內的銷售業績在7年間成長了2.5倍。

　　而由這樣的麵團製作出的洛斯提克麵包（Pain rustique），不愧是能感受到「樸質風味」的絕品，與發想這款麵包的Calvel教授，原始製作的麵團相比，這款Meunier式的「多水分、不揉和」麵團所製作的洛斯提克麵包（Pain rustique）更能品嚐出其魅力。所以在此介紹的是Meunier式麵團製作的洛斯提克麵包（Pain rustique）。

長棍麵包（Baguette）的內側（上）與洛斯提克麵包（Pain rustique）的內側（下）

定義

根據構想出洛斯提克麵包（Pain rustique）的Calvel教授所言，長棍麵包（Baguette）麵團使用分割機，沒有滾圓、整型就放入烘焙，就稱為「Pain rustique」。

製作方法上的重點

這種不用手揉和的製作方法，用的應該是稱為「手混拌」的攪拌方式。因為僅用手混拌，所以小麥粉以外的材料必須先溶於水中。

麥芽使用的是一般的2倍稀釋液，鹽依種類不同不易溶化時，可以撒放至部分水分中，使其溶化至顆粒消失後使用。Instant Yeast本來是混拌於粉類中，但於此會致使顆粒無法完全溶化，所以撒入部分水分中濡濕使用。

因為不是預備發酵，所以濡濕後必須立刻使用非常重要。

製品的特徵

為抑制麵團氧化至最低限度內，因此麵粉的胡蘿蔔素（Carotene）會殘留其中導致內側略呈黃色。風味較長棍麵包（Baguette）更為自然、純樸，給人樸實的印象。

麵包，不使麵團氧化，就無法烘焙出漂亮的形狀，但洛斯提克麵包（Pain rustique）要如何使其成為最低限度氧化的麵包，也可以說這是「二律背反（悖論）」的麵包。

如上方的照片，氧化不同所呈現的內側色澤。明顯地比長棍麵包（Baguette）更具明亮的奶油色。

〔配比〕 % 公克
麵粉（LYS D'OR）................................100 1000
Saf Instant Dry Yeast（紅）....................0.3 3
鹽...1.8 18
麥芽糖漿（euromalt）............................0.3 3
（2倍稀釋液時為0.6%）
水...77 770

〔工序〕 要在麵團中添加水果或堅
攪拌 混拌全部材料 果時，就在這個時間點
揉和完成溫度 22～23℃
發酵時間 30分鐘 壓平排氣 90分鐘 壓平排氣 30分鐘 壓平排氣
30分鐘（溫度27℃）
分割 各種
整型 不整型
最後發酵 40～50分鐘（根據麵團狀態）（28℃）
烘烤 割紋
少量蒸氣
上火約比法國麵包溫度高10℃，設定250℃
預熱備用，放入麵包後再降低為烘烤法國麵包的溫度
上火240℃／下火230℃，
25～30分鐘完成烘烤

♠仁瓶師傅
第一發酵、最後發酵，如果溫度可以設定為25～28℃。避免
濕度過高，避免麵團乾燥也很重要，無論濕度設定多少，發酵
箱內風扇轉動就會造成空氣乾燥。

攪拌

取部分測量好的預備用水放入缽盆中，儘可能不要堆疊地撒入酵母Yeast。數十秒使其成為濡濕狀態即可。

預備用水的水溫在17℃以下時，請另行預備30℃的熱水。

1

取部分測量好的預備用水放入缽盆中，使鹽顆粒完全溶化為止。

2

在麵粉中加入2倍稀釋的麥芽糖漿。

3

從缽盆周圍澆入2的鹽水。

4

由粉類中央倒入1溶化酵母的水分。如此可以避免酵母直接接觸到鹽。

5

從周圍開始混拌。此時輕輕抓取麵粉般地，邊轉動缽盆邊混拌材料。

6

右手沿著缽盆轉動，抓住麵團最後捏碎。用左手轉動缽盆。

7

邊沿著缽盆內側舀起般抓住麵團，邊重覆7的動作混拌材料，至拾起（pickup）狀態（請參照P.157）完成混拌。此時麵團溫度22～23℃。

8

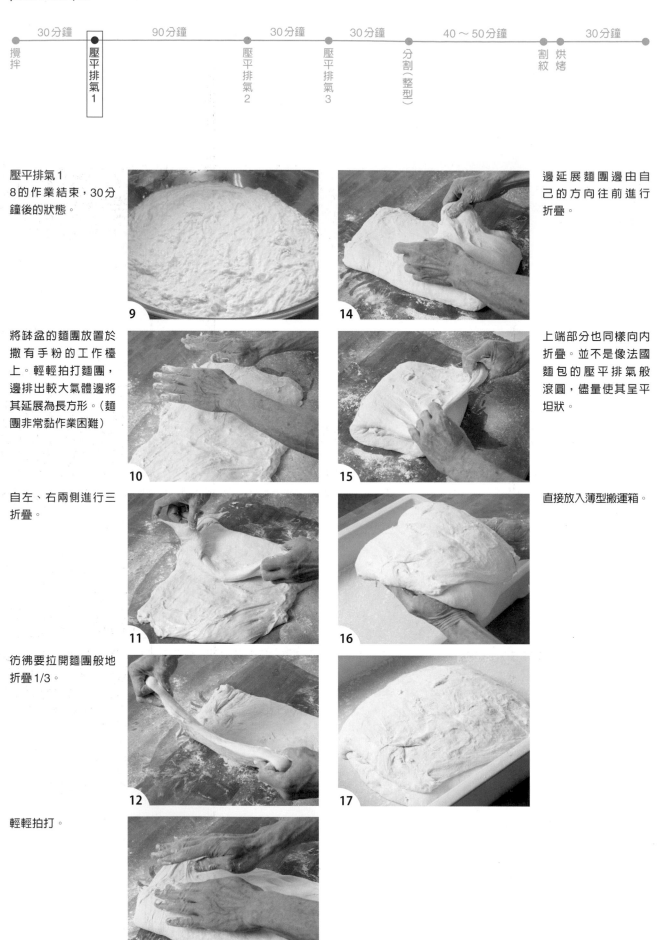

壓平排氣1
30分鐘 ● 90分鐘 ● 30分鐘 ● 30分鐘 ● 40〜50分鐘 ● 30分鐘

攪拌　　壓平排氣1　　　　　　壓平排氣2　　壓平排氣3　　分割（整型）　　割紋　烘烤

壓平排氣1
8的作業結束，30分鐘後的狀態。

將缽盆的麵團放置於撒有手粉的工作檯上。輕輕拍打麵團，邊排出較大氣體邊將其延展為長方形。（麵團非常黏作業困難）

自左、右兩側進行三折疊。

彷彿要拉開麵團般地折疊1/3。

輕輕拍打。

邊延展麵團邊由自己的方向往前進行折疊。

上端部分也同樣向內折疊。並不是像法國麵包的壓平排氣般滾圓，儘量使其呈平坦狀。

直接放入薄型搬運箱。

144

壓平排氣2

17作業後經過90分鐘的狀態。應該可以感覺麵團養成狀態更甚於9的麵團。

18

倒扣薄型搬運箱，將麵團放置於撒上手粉的工作檯上。輕輕拍打麵團邊排出較大的氣體邊將其延展成長方型。

19

提起麵團的右端，邊拉開麵團邊將其折疊至1/3處。

20

另一側也同樣地向上提起並拉開折疊。

21

將麵團的邊緣向上提起拉開並將其折疊至1/3處。

22

另一側也同樣地向上提起並拉開折疊。

23

在薄型搬運箱內撒放手粉，放回麵團。感覺麵團比第1次壓平排氣時更加成熟。

24

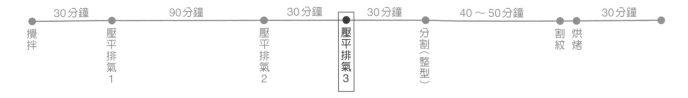

壓平排氣 3
完成24作業開始發酵
30分鐘後的麵團。

25

倒扣薄型搬運箱，將
麵團取出至工作檯（避
免破壞方塊的形狀）。

26

輕輕拍打以排出較大
的氣體。邊輕拍邊延
展成整齊的長方形。

27

從右側折疊至1/3處。

28

提起麵團左端，同樣
地折疊至1/3處。

29

向上拉提般地將自己
方向的麵團往前，折
疊至1/3處。

30

外側方向也同樣向內
折疊。

31

放入薄型搬運箱。相
較於24的麵團，應該
可以更感覺到麵團的
熟成。

32

分割（整型）
從32作業完成，放置30分鐘後的麵團。

33

垂直地劃切開麵團。

37

倒扣薄型搬運箱，將麵團取出至工作檯（避免破壞方塊的形狀）。

34

用布巾間隔麵團時，必須朝麵團緊靠以保持其形狀。

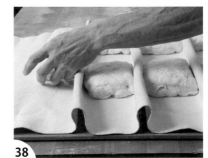

38

輕輕拍打中央部分邊壓出氣體邊調整形狀，使其厚度均一。

35

製作長棍麵包（Baguette）時，布巾的間隔必須預留空隙，但這款麵包必須用布巾緊緊貼合麵團，與布巾相接觸。稍後會劃切割紋。

39

用刮板從麵團上方，邊想像成品邊拉劃出大致位置的線條。在此為拍攝而分切成各種形狀，形狀及重量可任意。

36

確認最後發酵的麵團狀態。

40

用手指輕輕按壓麵團表面,記住每次按壓的手感。

41

避免傷及麵團地從布巾上翻轉麵團後,以取板移動麵團,擺放在滑送帶上。

42

割紋
在最後發酵期間貼著布巾的面朝上擺放在滑送帶,劃切割紋。

43

44

之後,放入烤箱(接P.152→)

〔變化〕
洛斯提克水果麵包

♠仁瓶師傅
果乾在烘焙過程中，必須注意避免過度呈色。

〔配比〕

	%	公克
麵粉（LYS D'OR）	100	1000
Saf Instant Dry Yeast（紅）	0.3	3
鹽	1.8	18
麥芽糖漿（euromalt）	0.3	3
（2倍稀釋液時為0.6%）		
水	77	770
核桃	25	250
半乾燥杏桃乾	25	250

〔工序〕

攪拌	混拌全部材料
揉和完成溫度	23℃
發酵時間	30分鐘 壓平排氣（此時將果乾類折入）
	90分鐘 壓平排氣 30分鐘 壓平排氣 30分鐘
	（溫度27℃）
分割	各種
整型	不整形
最後發酵	40 ～ 50分鐘（根據麵團狀態）（28℃）
烘烤	割紋
	少量蒸氣
	上火約比法國麵包烘焙溫度高10℃，設定250℃
	預熱備用，放入麵包後再降低為烘烤法國麵包的溫度
	上火240℃／下火230℃，
	25 ～ 30分鐘完成烘烤

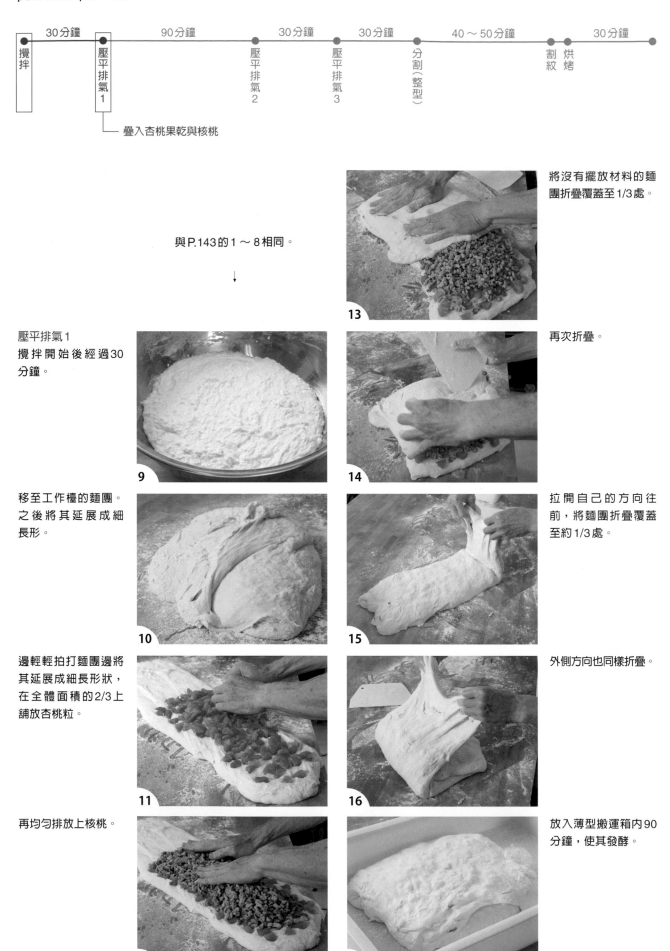

攪拌 — 30分鐘 — 壓平排氣1 — 90分鐘 — 壓平排氣2 — 30分鐘 — 壓平排氣3 — 30分鐘 — 分割（整型） — 40～50分鐘 — 割紋 烘烤 — 30分鐘

└── 疊入杏桃果乾與核桃

與P.143的1～8相同。
↓

壓平排氣1
攪拌開始後經過30分鐘。

9

移至工作檯的麵團。之後將其延展成細長形。

10

邊輕輕拍打麵團邊將其延展成細長形狀，在全體面積的2/3上舖放杏桃粒。

11

再均勻排放上核桃。

12

將沒有擺放材料的麵團折疊覆蓋至1/3處。

13

再次折疊。

14

拉開自己的方向往前，將麵團折疊覆蓋至約1/3處。

15

外側方向也同樣折疊。

16

放入薄型搬運箱內90分鐘，使其發酵。

17

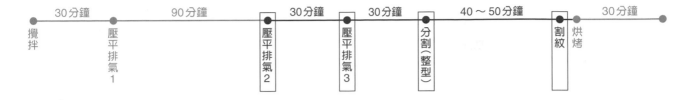

30分鐘　　　90分鐘　　　30分鐘　　30分鐘　　40～50分鐘　　　30分鐘

攪拌　　壓平排氣1　　壓平排氣2　壓平排氣3　分割(整型)　割紋 烘烤

壓平排氣2
17的作業放置90分鐘的狀態。

18

移出至工作檯上,由右、左兩側依序折疊。

19

拉開自己的方向往前,將麵團折疊,外側也向內進行折疊(壓平排氣2)。
如果麵團已熟成,第2次壓平排氣的3折疊也可以只進行1次(照片19)。

20

移至薄型搬運箱30分鐘使其發酵。

21

壓平排氣3
21作業後經過30分鐘的麵團,與19,20同樣地壓平排氣(折疊),再次放回薄型搬運箱內。

22

22作業後經過30分鐘的麵團狀態。從薄型搬運箱內移置於工作檯上,延展整型。

23

分割(整型)
形狀及厚度均勻後進行分割。

24

在布巾上最後發酵。

25

與P.148同樣地進行最後發酵,接觸布巾的表面朝上,排放在滑送帶上。

割紋
劃切割紋。

26

烘烤

蒸氣只需少量即可。上火250℃、下火230℃放入烤箱後，轉弱為上火240℃、下火230℃，烘烤25～30分鐘。

放入烤箱時，上火設定為比法國麵包的烘焙溫度高10℃。

▶ 照片是原味麵團，每分鐘的狀態

經過0分鐘（放入烤箱時）

經過4分鐘

經過5分鐘

經過6分鐘（決定膨脹體積）

經過10分鐘

經過11分鐘

經過12分鐘（開始上色）

經過16分鐘

經過17分鐘

經過18分鐘

經過22分鐘

經過23分鐘

經過24分鐘

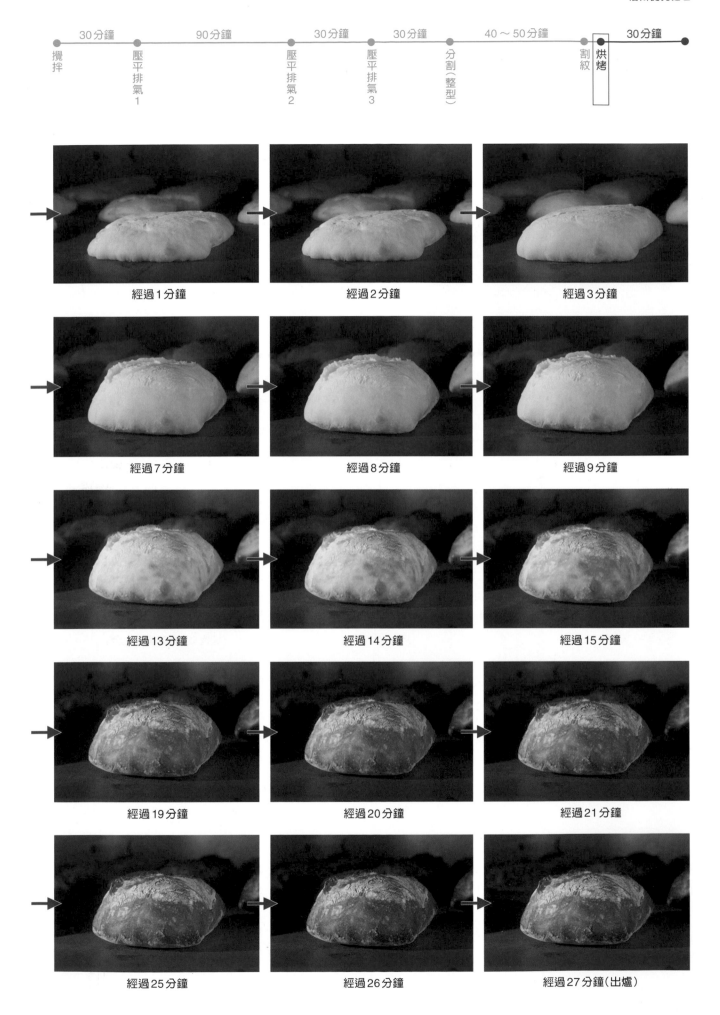

用冷藏麵團法製作的洛斯提克麵包

〔配比〕		%	公克
麵粉（LYS D'OR）	....	100	1000
Saf Instant Dry Yeast（紅）	....	0.2	2
鹽	....	1.8	18
麥芽糖漿（euromalt）	....	0.3	3
（2倍稀釋液時為0.6%）		
水	....	77	770

〔工序〕

攪拌　　　　混拌全部材料

揉和完成溫度　22～23℃

發酵時間　　60分鐘　壓平排氣　30分鐘　冷藏（8℃）一夜
　　　　　　翌日由冷藏取出後　壓平排氣　90分鐘　壓平排氣　30分鐘
　　　　　　（冷藏室之外的作業溫度27℃）

分割　　　　各種

整型　　　　不整型

最後發酵　　40～50分鐘（28℃）

烘烤　　　　割紋
　　　　　　少量蒸氣
　　　　　　設定上火250℃／下火230℃
　　　　　　放入麵包後
　　　　　　調降為上火240℃／下火230℃
　　　　　　30分鐘烘烤完成

60分鐘		一晚		90分鐘	30分鐘	40～50分鐘		30分鐘

攪拌　　壓平排氣1　　壓平排氣2　　壓平排氣3　　分割（整型）　　割紋　烘烤

前夜

完成用手混拌時的狀態。
由此開始60分鐘後，刮板沿著缽盆內緣插入，由底部將麵團翻起，由周圍向內開始進行折疊。
30分鐘後放入冷藏。

翌朝

冷藏(8℃)一夜後，翌日早晨的狀態。
之後，取出放置於撒有手粉的工作檯上，折疊以進行壓平排氣作業。
此為上述作業流程圖壓平排氣2的階段。之後放置於室溫下90分鐘，待麵團溫度達15℃以上（若未達到時則需等待），進行壓平排氣3，與P.146～147相同。

因冷藏法的長棍麵包和待客之道
而深受喜愛
Meunier先生的麵包坊

　　2014年3月造訪Gerard Meunier先生移至巴黎郊區的麵包坊時，傳統的長棍麵包（Baguette）是以整型冷藏法來製作的。新鮮酵母為0.5%，以11～12℃的冷藏溫度放置一夜，翌日早晨就能將剛烘焙出爐的麵包陳列於店內了。如果是這樣的冷藏溫度，無需將整型麵團復溫，即可直接放入烤箱烘烤。

　　或許這是沒有加班費的老闆兼師傅才能做得到，但每個顧客都因剛出爐的麵包而欣喜。長棍麵包（Baguette）的生產量，確實也比剛遷移至此時成長。

　　理由並不僅是麵包的品質而已。看到Meunier夫婦的待客之道，發現他們必定會與客人交談。

　　雖然手工麵包坊本來就是地方上不可或缺的存在，但Meunier夫婦的麵包坊沒有經過媒體的宣傳，就能夠體會到受到當地居民喜愛的程度。珍視每天來購買麵包的顧客，販售著日常長棍麵包（Baguette）的麵包坊，不更是手工麵包坊原本應有的樣貌嗎。

衝擊！Gerard Meunier 先生的洛斯提克麵包

扭轉法國長棍麵包(Baguette)一直以來的品質低落，提高品質的契機之一就是「Retrodor」麵粉。雖然麵粉品牌冠於長棍麵包(Baguette)上，必須要遵守其規定的製作方法，但行銷的效果很好。

Calvel 教授的介紹

1983年10月，我在巴黎 Gerard Meunier 先生的麵包坊內看到了洛斯提克麵包(Pain rustique)，是第一次有機會得以前往法國研修的時候。

當時，巴黎的蛋糕店指南是由日本洋菓子協會聯合會發行的，但卻完全沒有對於麵包的相關指南。

無計可施之下，只好拜託翻譯打電話給我唯一最強而有力的依靠－Calvel 教授，詢問：「哪家麵包坊有好吃鄉村麵包(Pain de campagne)」。當時，教授告知的店只有一間，就是 Gerard Meunier 先生的「AU BON PAIN DU MENUIER」。

雖然曾經看過 Meunier 先生洛斯提克麵包(Pain rustique)的照片，日文說明寫著「Meunier 先生的原創鄉村麵包」，但洛斯提克麵包(Pain rustique)被翻譯成鄉村麵包一事，使得構想出這款麵包的 Calvel 教授非常生氣。會有此狀況也是因為長棍麵包(Baguette)是源自巴黎的麵包，而以長棍麵包麵團製作，無論是什麼形狀的麵包，都不會變成鄉村麵包。

洛斯提克麵包(Pain rustique)是以長棍麵包(Baguette)麵團為基礎，特地以「不整型」的手法，營造出其樸質(Rustique)感的麵包，所以絕不是「鄉村麵包Pain de campagne」。

1983年當時，僅靠著這本「巴黎洋菓子店家指南」就去了巴黎。

用不含多餘物質的麵粉製作！

Meunier 先生，於1983年在巴黎19區 Orque 大道上開店之初，並沒有無添加物的麵粉，使用的是 Pantin (パンタン社)無添加蠶豆粉(Feve)(蠶豆粉末，當時不添加蠶豆粉的粉類1公斤相當於3F高價)的 T55 麵粉。雖然這種粉類添加了維生素C，但當時只有這樣的粉類，Meunier 先生不得不用這樣的粉類製作麵包。

當時的法國，本國產麵粉品質因收穫量而導致麵包製作性不良的那年，會從美國進口小麥來加以調整，但此時因停止輸入，致使製粉公司只能在麵粉中添加維生素C加以平衡。

但 Meunier 先生的長時間發酵，會使得維生素C過度滲入麵團，所以 Meunier 先生希望能有「無添加物、僅是麵粉的麵粉」。而且不僅無添加物，以團展性測定圖(alveogram)來看，還要兼顧Q彈及延展的麵粉。所以在1986年，Meunier 先生向 Viron 製粉公司的社長 Philippe Viron 先生提出「如果沒有，就幫我製作」的請託。

日後，Viron 先生嚐到了 Meunier 先生所製作的長棍麵包(Baguette)，確信「沒有多餘添加物的麵粉」才能真正製作出傳統的長棍麵包(Baguette)。因此為了實踐這樣的想法而研發出「Retrodor」麵粉，進而開始發售。

因 Meunier 先生對麵粉的期待成為契機，以至93年麵包政令及巴黎開始舉辦的長棍麵包大賽(La meilleure baguette de Paris)，帶動潮流並得到成果。

粉類，再怎麼樣都要純淨

稱為洛斯提克（Pain rustique）的這款麵包，重點在於是由長棍麵包（Baguette）麵團所衍生的應用。因此與長棍麵包（Baguette）一樣，麵團不使用高灰分的粉類。使用的麵粉，若想追求營養價值，調合使用高灰分粉類或全麥麵粉時，那就製作非洛斯提克麵包比較適合。

我個人在製作發酵種麵包（Pain au Levain）時，也會使用適合搭配發酵種Levain的高灰分粉類，但像洛斯提克麵包（Pain rustique）和長棍麵包（Baguette）這類使用直接法的麵包，實在不需要特地使用T55小麥以上的營養價值。長棍麵包（Baguette）或洛斯提克麵包（Pain rustique）與發酵種麵包（Pain au Levain）的美味是不同的，各有千秋。

切下四邊後直接放入烤箱

Gerard Meunier先生的洛斯提克麵包（Pain rustique）製作方法，真的是非常具衝擊性。Calvel教授曾說過，洛斯提克麵包（Pain rustique）因為不整型，因而必須使麵團保有力道，但Meunier先生卻相反地，將麵團製作成比法國麵包麵團含更多水分，且不經過揉和，所以就像是自我分解當中的麵團。

攪拌麵團的作業，可以分成5個階段，Meunier先生的麵團僅在第一個拾起（Pick Up）階段（抓取階段）。像這樣還在成團階段（Clean Up）（水分吸收）的前一階段，麵團就進行烘焙，真是非常地令人驚異不已。

話雖如此，以Meunier先生的麵團所製作的洛斯提克麵包（Pain rustique），真是質樸美好的風味，完全符合Rustique給人的印象。

Meunier先生僅將這種「多水分不揉和」麵團的四邊切除，不加整型地進行烘焙。也就是麵團的切面並沒有任何作業或加工。再怎麼說，這樣氣體不會從切面逸出嗎？剛開始心中充滿著不安，還有麵團放入完全預熱的烤箱後，會不會如預期般延展呢？看到與Calvel教授主張的洛斯提克麵包（Pain rustique）般力道強勁的麵團，放入烤箱中延展狀況完全不同的延展方式，顛覆了我目前為止所看過的法國麵包製作技術。

使用Meunier先生製作方法的注意重點

夏季，粉類溫度高時，吸水溫度會降低，當水溫低於17℃，就必須提高溶化酵母Yeast的水溫。即使有點麻煩，也必須將酵母Yeast用量10倍程度的水量，置換成30℃的溫水，再撒放酵母。

或許會覺得這實在是太麻煩了，但在探索為何烘烤出的麵包品質不佳時，減少變動因素是最有效的方法。

過去就常常遇到鹽沒有充分溶解、或是酵母Yeast顆粒殘留等的麵團。即使是預備一般法國麵包材料時不成問題的事，但在製作攪拌異常少的Meunier式洛斯提克麵包（Pain rustique）時，就會變成是風險，所以必須進行風險管理。

並且，法國人在預備材料的求得水溫，在經驗法則中是以室溫、粉溫和水溫的合計數值，是麵團需求溫度的3倍，這個數值就稱為Base。這是使用攪拌機時的計算方法，但用手混拌的洛斯提克麵包（Pain rustique），並沒有因揉和而升溫，所以意外地取決於麵團溫度。

Gerard Meunier先生
給日本麵包師的叮囑

Meunier先生在1986年初次訪日後，也曾經數次在日本擔任講習會的講師，在某次演說中，他說了以下令人印象深刻的內容。

「製作真正好的法國麵包，是要花很長的時間，絕對不是件簡單的事。但如果有像日本的各位這般的學習意願，相信一定能做出好的麵包。現在（1986年當時）法國的麵包不好，是追求經濟效率的結果。所以，請各位務必如同Calvel教授一直以來的教誨，遵守基礎製作出好的麵包。」

Pain de Lodève

洛代夫麵包

使用發酵種Levain種、製作高吸水性麵團、不用計量、切下後就能烘烤的麵包，
是源自南法洛代夫（Lodève）地方，也是洛斯提克麵包（Pain rustique）的啓發。
在此將食譜配方再次建構，作爲DONQ原創麵包介紹給大家。

洛代夫麵包(Pain de Lodève)的故事

在此介紹的洛代夫麵包(Pain de Lodève),是1997年在歐里亞克(Aurillac)的麵包學校,由M.O.F. Christian Vabret先生負責進行爲期一週的研修課程時,經擔任講師之一的M.O.F. Jacqes Souillat先生即興實際演練之作,而後再大幅修改成DONQ風格的成品。

2006年,這款麵包的發源地,位於南法拉赫札高地(Larzac)的洛代夫(Lodève)地區,曾在當地見過以Pain Paillasse之名出售的麵包,但卻與Jacqes Souillat先生所教的完全不同。之後,於2012年再次造訪當地,試著遍嚐所有手工麵包坊的Pain Paillasse,仍沒有找到能名符其實的美味Pain Paillasse。

因爲有著這樣的經驗,相較於洛代夫(Lodève)地方的Pain Paillasse,讓我覺得Jacqes Souillat先生所調配的DONQ洛代夫麵包(Pain de Lodève)更美味,因此之後也沒有想再深入接觸Pain Paillasse。

Poilâne的著作「歡迎進入麵包的世界(ようこそパンの世界へ)」(パンニュース社PANNEWS出版)曾寫道「不測量重量也不整型,極小限度的作業」如此的製作方法,曾有幸在名爲Sancho的店內看過,利用長型的刮板(racle)由麵團邊緣開始分切,麵團扭轉(torsades)般地使其呈螺旋狀,立刻放入烤箱或是以切好的狀態放置一夜後,翌日放入烤箱烘烤。

因爲分割時不測量重量,所以每一個成品的重量皆有不同,會將相對重量的價格用手書寫在包捲麵包的小包裝紙上來販售。

南法的洛代夫(Lodève)。曾經盛行養蠶及生產絹織品,是當時極爲熱鬧的地方,現在則是靜謐的存在。

Sancho店內所見的racle(鐵製刮板)。從整塊麵團邊緣切成不規則細長狀。

螺旋形(tordu)(前方)與細長形(右內側)

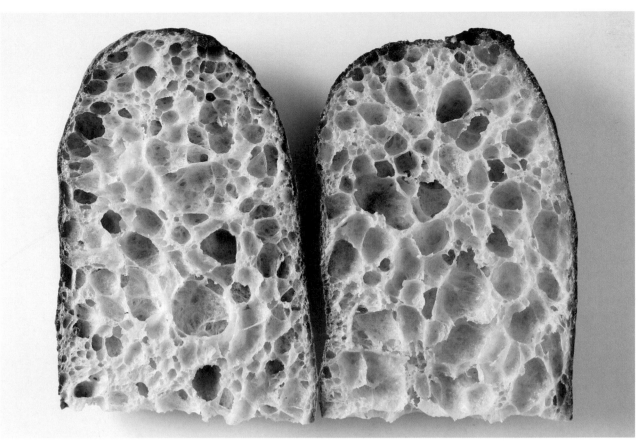

定義

使用發酵種Levain和酵母Yeast、吸水多的麵團，不經測量分割、整型，也就是切分麵團後直接或僅稍加扭捲的程度，就放入烤箱進行烘烤，這就是洛代夫麵包（Pain de Lodève）的定義。這個大前提是，限定材料僅用粉類、水、鹽和麵包酵母，不使用油脂和砂糖及乳製品。此外，發酵種Levain指的是「粉類與水分混合發酵培養而成」。

製作方法上的重點

攪拌，首先就像添加發酵種Levain的長棍麵包（Baguette）麵團般，進行預備作業並製作麵團，之後再進行bassinage（後加水）。雖然略稱為發酵種Levain，但在DONQ使用發酵種Levain時，是由Levain chef開始至Rafraîchir續種（かえり種），再將已經過完成種作業的成品加入正式揉和當中。（請參照二階段法＝P.79）

後加水少量逐次地加入，完成加入後用2速攪拌數10秒。要添加混入堅果和乾燥水果時，先將原味的麵團分取出來，再行添加，均勻混拌後，再用2速攪拌數10秒。

Jacqes Souillat先生，進行不基本發酵和不最後發酵，兩種的製作方法演練，同時也為了對照，烘烤了進行最後發酵的成品，以麵包而言，後者還是比較美味，所以之後都採用進行最後發酵的製作方法。此外，Jacqes Souillat先生是將切好的麵團放入發酵成型籃內，但在日本師傅們不斷地下工夫研究之後（詳見P.173），現在固定僅以四角形分切後，進行最後發酵的製作方法。

在此也介紹其他長的大型麵包及扭轉成型的麵包。

製品的特徵

外皮烘烤得硬脆，中間是能充分感覺飽含水分的柔軟內側，觸感非常好。美味、優雅的微酸風味，後韻無限。另外，特徵之一是相較於長棍麵包（Baguette）和巴塔麵包（Bâtard），更具有較長保存時間的優點。

藉由融合發酵種Levain和Levure（酵母Yeast）兩者，將一般的短時間製法變成了長時間、吸水多的麵團，醞釀出嶄新類型的法國麵包。彷若是發酵種Levain和酵母Levure美好結合而成的麵包。

最初製作這款麵包時，後加水（bassinage）部分，首先會試著添加10%左右，在習慣不整型麵包的作業之後，也可以將後加水的量再加多。此外，若想要均一形狀時，使用圓形發酵成型籃或長的發酵成型籃也是個好方法。

〔配比〕	%	公克
麵粉（LYS D'OR）	70	700
Ocean（二級高筋麵粉）	30	300
Saf Instant Dry Yeast（紅）	0.2	2
鹽	2.5	25
麥芽糖漿（euromalt）	0.2	2
（2倍稀釋液時為0.4%）		
水	70＋20	700＋200
Levain tout point（完成種）	28～30	280～300

※Levain tout point的製作方法請參照P.79。

〔工序〕

前置作業	預備Levain tout point（完成種）
攪拌	吸水量70%　L2分鐘
（螺旋型）	攪拌機停止前20～30秒撒放酵母Yeast（無法完全溶化的狀態）
	自我分解30分鐘　L4分鐘（開始後撒放鹽、撕成塊的完成種H30秒 L6～8分鐘）
	（bassinage用水的20%逐次在6～8分鐘之間少量加入）H30秒
	揉和完成溫度　22℃
發酵時間	60分鐘　壓平排氣　60分鐘　壓平排氣　60分鐘
	（發酵室　27℃）
分割（整型）	各式
	螺旋形（tordu）（扭轉）是切成細長狀後扭轉而成。
	分切後的麵團直接放入發酵成型籃，或排放在撒有手粉的布巾上。
最後發酵	40～50分鐘（發酵室　28℃）
烘烤	割紋
	僅放入少量蒸氣。設定為上火260℃、下火250℃，放入烤箱10分鐘後，
	轉為長棍麵包（Baguette）的烘烤溫度（上火240℃／下火230℃）。
	35～40分鐘完成烘烤

	60分鐘		60分鐘		60分鐘		40～50分鐘			35～40分鐘	

攪拌　壓平排氣1　壓平排氣2　分割（整型）　割紋　烘烤

攪拌
粉類放入攪拌機缽盆中，加入麥芽糖漿2倍稀釋液。

只先加入70%的水。

以低速轉動約2分鐘。攪拌機停止前20～30秒撒放酵母Yeast。

開始自我分解時的麵團狀態。如此狀態約靜置30分鐘。

由冷藏取出Levain tout point（完成種）備用。

經過30分鐘自我分解的麵團狀態。麵團的連結狀態更好，延展性也增加了。

以低速攪拌並放入鹽。再進行揉和。

粗略地將Levain tout point（完成種）撕成大塊，放置於麵團上，以低速攪拌。

♠仁瓶師傅
不久之前，總是被告知酵母Yeast接觸到鹽會阻礙其作用，因此要避免直接接觸地添加。但現今酵母Yeast的耐鹽性提升，所以已經不需要那麼神經質地強調這個部分了。只是原則上還是依照順序而行不要逾越。

攪拌	60分鐘	壓平排氣 1	60分鐘	壓平排氣 2	60分鐘	分割（整型）	40～50分鐘	割紋	烘烤	35～40分鐘

攪拌的後續（bassinage）

以2速略加轉動，約攪拌至長棍麵包麵團的強度即可。

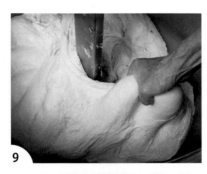

9

邊以低速攪拌邊少量逐次地加入其餘的水量。這就稱為bassinage（後加水的意思）。

10

少量逐次地將後加水加入。螺旋狀攪拌機較方便混拌水分，但直立式攪拌機則較不容易混拌，所以要不時地翻動麵團使其上下替換。

11

加入後加水之後，最後再以2速攪拌至麵團緊實。

12

添加堅果、果乾的麵團則留在攪拌機內，放入後再以2速混拌。

13

將麵團放回薄型搬運箱內，至第一次的壓平排氣為止，發酵時間是60分鐘（發酵室27℃）。

14

■所謂bassinage

所謂的bassinage，在法語當中是寫成「bassinage（名詞）：後加水」、動詞是「bassiner：添加後加水」。而再追遡，可知其語源是為「bassin（名詞）：水桶」。

過去在法國，在揉和桶內倒入水分，再加入粉類揉和，過硬時即再添加水分，當時的添加水分現在就稱為bassinage。現在則是將一度完成的麵團，加上大量後加水的這個作業，稱為bassinage。

並且，在進行bassinage時的水分，我個人是喜歡少量逐次地均勻加入，所以注入水分用的杯子上端，附有寬大出口的會比較容易使用。

60分鐘		60分鐘		60分鐘		40～50分鐘		35～40分鐘

攪拌　　壓平排氣1　　壓平排氣2　　分割（整型）　　割紋　烘烤

壓平排氣1
使其發酵60分之後，進行第1次的壓平排氣。與其說是壓平排氣不如說是折疊作業的感覺。

15

用水濡濕刮板後，由外側朝內折疊1/3。

16

由右側朝左側仔細地折疊。

17

轉換薄型搬運箱的方向，再次由外側朝內折疊1/3。

18

作業過程中若麵團沾黏時，可以再次濡濕刮板再進行作業。之後再使其發酵60分鐘，以便進行第2次的壓平排氣。

19

壓平排氣2
第1次壓平排氣60分鐘後的麵團狀態。

20

進行第2次壓平排氣。用水濡濕刮板，由外側右端開始翻折約1/3。

21

轉換薄型搬運箱的方向，同樣地由外側朝內疊入1/3。

22

等邊緣都已翻面折疊後，再放置發酵60分鐘。

23

攪
拌

60分鐘

壓
平
排
氣
1

60分鐘

壓
平
排
氣
2

60分鐘

分
割
（
整
型
）

40～50分鐘

割
紋

烘
烤

35～40分鐘

分割（整型）
第2次壓平排氣後經
60分鐘的麵團狀態。

24

25

在麵團和工作檯表面
撒上手粉，由薄型搬
運箱內取出麵團。輕
輕拍打以排出大的氣
體，並將其延展成整
齊的長方型。並且均
勻其厚度。

＜螺旋形tordu＞	＜切開的四角形＞	＜使用發酵成型籃的四角形＞

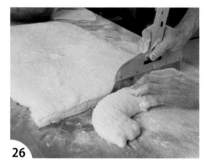

26

27

28

26. 分切成細長狀。
27. 僅用兩手扭轉。最小限度的整型。
28. 推緊布巾的皺摺處，使其能具有保
　　持形狀的效果。

26

27

26. 僅將麵團切成四角形，沒有更多的
　　整型作業。雖然麵團不容易操作，
　　但也要避免撒放過多手粉。
27. 使布巾的皺摺處確實直立，進入
　　最後發酵40～50分鐘。（發酵室
　　28℃）

♠仁瓶師傅
比較步驟28放入四角發酵成型籃的麵團，
與以布巾皺摺支撐的麵團，發酵成型籃內的
麵團可以烘烤得更有彈性。

26

27

28

26. 切分成四角形，如發酵成型籃的形
　　狀。
27. 在發酵成型籃內均勻地撒放手粉。

60分鐘	60分鐘	60分鐘	40～50分鐘	35～40分鐘
攪拌	壓平排氣1	壓平排氣2	分割(整型)	割紋 烘烤

確認最後發酵的狀態。

29

30

用手指輕輕按壓，手指放開時按壓痕跡緩緩恢復的程度就可以了。

＜螺旋形tordu＞

31

32

33

31. 長形麵團以長形取板，將麵團由布巾移至滑送帶上。
32. 劃切割紋時如果不夠迅速，會造成麵團沾黏在刀片上。
33. 螺旋形(tordu)，在移至滑送帶時不需劃切割紋即可烘烤。

＜切開的四角形＞

31

32

33

31. 僅切開成四角形的麵團，如果使用法國麵包專用取板，可能兩側會突出板外，所以用小的砧板等移動就很方便了。
32. 布巾接觸面朝上地排放。
33. 劃切出井字形狀的割紋。因麵團很容易沾黏，所以使用波浪麵包刀會比較容易劃切。

＜使用發酵成型籃的四角形＞

31

32

33

31. 放入發酵成型籃的麵團，最後發酵完成時的狀態。
32. 發酵成型籃的麵團倒扣在滑送帶上。
33. 劃切割紋。

波浪刀刃的麵包刀

洛代夫水果麵包

照片是添加了藍莓的洛代夫麵包。
麵團4460公克當中添加野生藍莓700公克
和核桃300公克。換算成與粉類的比例各為
35%和15%。

〔配比〕%　公克

	%	公克
麵粉（LYS D'OR）	70	700
Ocean（二級高筋麵粉）	30	300
Saf Instant Dry Yeast（紅）	0.2	2
鹽	2.5	25
麥芽糖漿（euromalt）	0.2	2

（2倍稀釋液時為0.4%）

	%	公克
水	70 + 20	700 + 200
Levain tout point（完成種）	30	300

※Levain tout point的製作方法請參照P.79。

	%	公克
核桃	25	250
Sultana 葡萄乾（Sultana Raisin）	25	250

〔工序〕

攪拌	原味麵團完成後在攪拌缽中留下必要用量的麵團，加入核桃和Sultana葡萄乾，以2速混拌。
發酵時間	60分鐘　壓平排氣　60分鐘　壓平排氣 60分鐘　（發酵室　27℃）
分割（整型）	各式 螺旋形（tordu）（扭轉）是切成細長狀後扭轉而成。 僅切開成四角形，或放入發酵成型藍。
最後發酵	40～50分鐘（發酵室28℃、75%）
烘烤	割紋 僅在放入烤箱前，放入少量蒸氣。 設定為上火260℃、下火250℃， 放入烤箱10分鐘後，回復到烘烤法國麵包的溫度 （上火240℃／下火230℃）。 30～35分鐘完成烘烤

| 攪拌
（加入水果） | 60分鐘 | 壓平排氣1 | 60分鐘 | 壓平排氣2 | 60分鐘 | 分割（整型） | 40～50分鐘 | 割紋 烘烤 | 35～40分鐘 |

攪拌
P.164完成的麵團再應用，所以分取出原味用麵團後，進行製作。照片中殘留在攪拌盆內的是以2公斤粉類（2230公克）完成的麵團。

加入切成粗粒的核桃（500公克）和葡萄乾（500公克），以2速輕輕混拌。混拌至全體均勻即可。（僅以低速混拌，麵團仍是鬆弛的狀態）

放入薄型發酵籃內，進行60分鐘的發酵。（發酵室27℃）

壓平排氣1
發酵60分鐘後，進行第1次的壓平排氣（折疊）。用水濕濕刮板由外側向內翻起折疊約1/3。

轉換薄型搬運箱的方向，同樣地由外側朝內折疊1/3。之後再使其發酵60分鐘。

壓平排氣2
發酵60分鐘後的麵團狀態。接著進行第2次壓平排氣。

用水濕濕刮板，由外側邊緣開始翻折約1/3。

轉換薄型搬運箱的方向，再次由外側邊緣折疊1/3。放置發酵60分鐘。

分割（整型）
發酵60分鐘後的狀態。在麵團上及工作檯上輕輕撒上手粉，由薄型搬運箱中取出麵團。輕輕整合麵團邊緣，使其成為理想中均勻的厚度，進行分割。

利用布巾的皺摺固定麵團，進行最後發酵40～50分鐘。（發酵室28℃）

利用小砧板等移至滑送帶上。接觸布巾的那一面朝上放置。

割紋
迅速地劃切割紋。用波浪麵包刀會比較容易劃切。

169

烘烤

僅放入少量蒸氣，在上火260℃、下火250℃狀態下放入烤箱，10分鐘後，

烤箱溫度調降成長棍麵包（Baguette）的烘烤溫度（上火240℃、下火230℃），烘烤35～40分鐘。

烘烤僅切開，不經過整型的麵團時，放入烤箱必須設定略高的溫度。

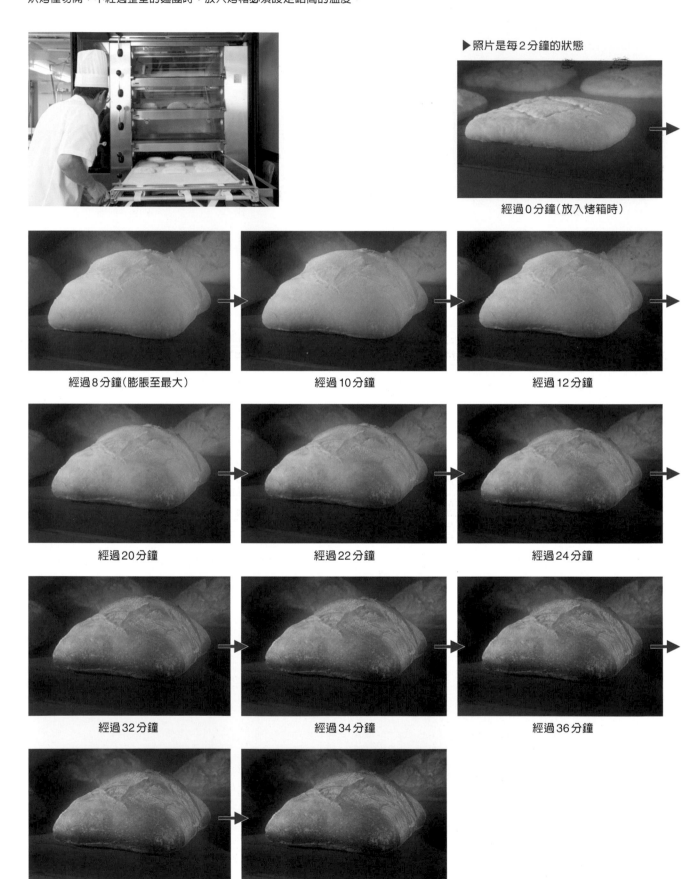

▶照片是每2分鐘的狀態

經過0分鐘（放入烤箱時）

經過8分鐘（膨脹至最大）　　經過10分鐘　　經過12分鐘

經過20分鐘　　經過22分鐘　　經過24分鐘

經過32分鐘　　經過34分鐘　　經過36分鐘

經過38分鐘　　經過40分鐘（出爐）

	60分鐘		60分鐘		60分鐘		40～50分鐘			35～40分鐘	

攪拌　　　壓平排氣1　　　壓平排氣2　　　分割（整型）　　　割紋　烘烤

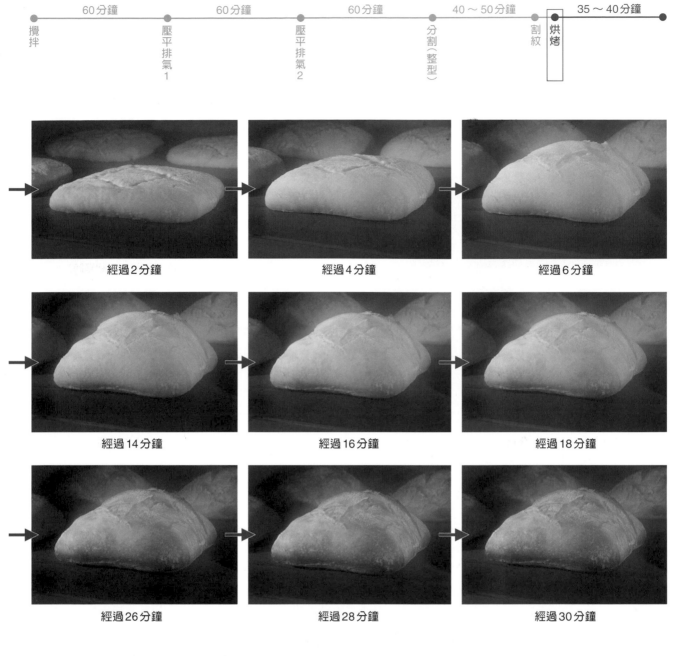

經過2分鐘　　　　　　　經過4分鐘　　　　　　　經過6分鐘

經過14分鐘　　　　　　經過16分鐘　　　　　　經過18分鐘

經過26分鐘　　　　　　經過28分鐘　　　　　　經過30分鐘

烘烤完成時，不能單以烘烤色澤進行確認，必須翻面試敲底部，發出清徹的聲音即可。

pain de Lodève

過去的Paillasse、
成爲聞名的洛代夫(Lodève)

洛代夫(Lodève)地區Caumes先生的店內。「過去的Pain paillasse是這樣的…」Caumes先生切開麵包給大家看

在當地稱爲「Pain paillasse」

被稱爲Pain paillasse的原因衆說紛紜,2014年的現在「Académie des Confréries du Languedoc-Roussillon」網站有著如下的記述。(以下摘錄、翻譯)

所謂的Paillasse,指的是裸麥莖所編成的籃子。據說以此冠名的麵包,出自研究法國和歐洲麵包的Mouette Barboff先生,所著「Pains d'hier et d'aujourd'hui」(昔日至今的麵包)一書。

「幾世紀前,即使大的鄉鎮中有手工麵包坊,但離鄉鎮遙遠的地方及山中人家還是吃著自製的麵包。每週一次升起烤窯烘烤麵包的時候,會烤小麥和裸麥的麵包共2種。裸麥的麵包比較能保存,所以前半週先食用小麥麵包,後半週就吃裸麥麵包。

揉和麵團用的桶子,因為同時用於製作小麥麵團和裸麥麵團,所以先製作的小麥麵團放入Paillasse(裸麥莖所編成的籃子)清空桶子之後,就進行裸麥麵團的製作。

某次,在裸麥麵團已經要進行分割作業時,才發現小麥麵團尚未分割、整型。在整型之後也沒有時間可以進行最後發酵了。

此時,將小麥麵團由Paillasse取出放至工作檯上,先將麵團縱向切分,為增加麵團力道地輕輕扭轉後放至取板上,直接送入石窯烘烤,全部的麵團都放了進去。

結果,麵團沒有浪費地全都烘烤完成,而且這款麵包意料之外的風味很好,最後窮則變的對策

位於洛代夫相鄰地區某個店內看到的「Pain paillasse」

下,完成的這種製作方法,被視為是特別的製法。

16世紀時,這款麵包即使是洛代夫(Lodève)地區的麵包坊也開始製作,對洛代夫(Lodève)當地的人而言,這款麵包是大聖人Saint -fulcran也推崇的。」

在洛代夫(Lodève)地區,這款麵包被稱爲「Pain paillasse」、「Pain paillassou」(Paillasse和Paillassou都是籃的意思)。而這樣的製作方式推廣至周圍的城鎮,最後成爲法國衆所皆知的麵包,其他地方的人因而稱之爲洛代夫麵包(Pain de Lodève)(洛代夫地方的麵包)。

根據洛代夫(Lodève)的鄉土史學家Bernard Derrieu先生的說法,1899年當地定期刊物(L'Echo de Lodève)中刊載著「Pain dit de Paillassou:27.5 centimes le kg.」之名。由此可看出,雖然瑞士日內瓦麵包坊內出售的Pain paillasse(1995年登錄商標)非常有名,但相較於洛代夫地區的Pain paillasse的歷史,根本不可同日而語。

此外,在法國Paillasse是一般名詞,也無法進行商標登記。興起Pain paillasse 商業銷售的日內瓦麵包坊,好像是以機械大量生產,但洛代夫(Lodève)的Pain paillasse卻是悄然無聲地默默銷售著。

由Poilâne書中所得知、與無法得知的事

自己本身就是職業麵包師的麵包研究家Poilâne,其著作「歡迎進入麵包的世界(ようこそパンの世界へ)」,曾經提及洛代夫(Lodève):「這個地方的麵包廣爲人知,且麵包確實不負盛名」。還有

「洛代夫麵包(Pain de Lodève)的獨特之處是在於不需量測分切及整型,最小限度的作業」。這一點,在1983年Calvel教授因應Gerard Meunier先生的要求,思考出的洛斯提克麵包(Pain rustique)時,成爲很大的啓發。

Caumes先生店內的 Pain paillasse

此外，也寫道「添加麵包種揉和後，將全部麵團放入包覆著布巾的柳條加工籃中（雖然這裡說的是柳條，但在當地也聽說有用三股麥桿編織捲成的籃子），使其發酵。這個籃子曾經稱爲Paillasse，所以即使到現在這款麵包仍被稱爲Pain paillasse」。讓人瞭解這款麵包的由來。

但實際上，Poilâne的書有幾處是沒有翻譯成日文版的。就是「硬度中等的麵團」、「2小時30分～3小時的發酵」對於麵包師而言非常重要的部分。也就是根據Poilâne原文著作中，洛代夫麵包（Pain de Lodève）並不一定要是高吸水性的麵團。所以這款麵包的定義著實令人苦惱。

高吸水的洛代夫麵包現於何處

這是我前往Poilâne著作「歡迎進入麵包的世界（ようこそパンの世界へ）」M.Caumes手工麵包坊時發生的事。當時的老闆主廚Caumes先生，自己用刀子切開店內傳統長棍麵包類型的麵包，讓我們觀察其中內相，同時還說：「過去的Pain paillasse，就像這個麵包一樣，內相非常好…」令人印象深刻的話。

另外，又詢問了有關瑞士日內瓦麵包坊的「Pain paillasse」取得了商標，生意興隆的事，他卻是冷靜地回答：「有向那個麵包坊傳達，希望他們不要說是自己原創的構想」。

在法國麵包業界廣爲人知的Pain paillasse或是洛代夫麵包（Pain de Lodève），是以高吸水量聞名，但現在的洛代夫（Lodève）或其週邊地區所見的商品，都沒能發現具有此特色的麵包。

法國麵包製作方法中的新潮流

Calvel教授受到Pain paillasse的刺激，而醞釀出洛斯提克麵包（Pain rustique）。1983年的秋天，我在Gerard Meunier先生的店內與他見面。而在1997年受教於Jacqes Souillat先生的洛代夫麵包（Pain de Lodève）之後，姑且不論此二者的脈絡，洛代夫麵包（Pain de Lodève）與洛斯提克麵包（Pain rustique），成爲我想要一直探索製作的麵包。

除了想要擁有與Calvel教授共同想法的思維之外，還有就是對超乎麵包製法常識的作業，有著永無止盡的興趣。

正因爲如此感興趣地製作，因而也捕捉到這兩種麵包的「麵包新常識」，包括新聞、雜誌。所謂的新常識，就是「多加水、大氣泡、潤澤&Q綿口感…（的洛斯提克麵包、洛代夫麵包）」。也有如此的分析「製作法國麵包的常識、發展新常識潮流的都是DONQ」。根據這樣的分析，在時代的洪流中能夠客觀檢視自己長久以來所做的事，眞的具有非凡的意義。

不是在麵團中添加副材料，製作出高成分種類的新麵包成品，而是僅以麵包固有基本材料製作而成的麵包，都能醞釀出「新常識」，眞是未曾想過的事。現今的狀況應該可視爲喜歡麵包的人，日漸成熟的見證吧。

日本讓洛代夫麵包（Pain de Lodève）成名的人是？

在1997年我與洛代夫麵包（Pain de Lodève）邂逅以來，每逢有機會都會大力介紹，但長時間以來的反應都十分有限。而其中唯一表示興趣的，是世田谷區Brotheim的明石克彥先生。自此之後，約有10年以上這款麵包都是他麵包架上的陣容之一。

另一方面，2002年的「世界盃麵包大賽Coupe du Monde de la Boulangerie」，被選爲日本代表DONQ的菊谷尙宏，在參賽訓練期間，獲准進入明石先生的Brotheim廚房。當時看到的，就是僅切分成四角形的洛代夫麵包（Pain de Lodève）。菊谷當時就被這款麵包所吸引，利用這個形狀在巴黎正式比賽中，精彩地奪得優勝。

在日本，我想大家對於洛代夫麵包（Pain de Lodève）的認識，在這兩位強力的推展下而逐漸向上攀升。

邂逅高吸水量的麵團

在地中海島國、馬爾他共和國所看到的麵包製作

2001年，為了想更深入追溯麵包的源頭而花了21天繞行義大利。當時已經在製作洛斯提克麵包（Pain rustique）與洛代夫麵包（Pain de Lodève）了，但在馬爾他島偶遇的這個麵包坊，麵團又完全不同，彷彿是濃湯般的麵團。當時，無論是在法國或日本，都還尚未如此關注高吸水量麵團，由此可知高吸水量麵包絕不是新創造，這個在地中海幾乎可稱為原始的麵包，就是最好的證明。

① 非常原始的攪拌機。因為沒有電力所以只是混拌黏糊糊的麵團而已
② 經過一小段時間後，將麵團由攪拌機移至淺型木箱（木桶）後的狀態
③ 雖然作業過程中也有壓平排氣，但是令人不想觸摸的麵團
④ 經過幾次的壓平排氣後，終於出現了有點像麵團的樣子
⑤ 分割後的麵團不經過中間發酵，直接滾圓放於布巾上進行最後發酵。雖然也讓我滾圓了幾個，但因為是非常具彈力的麵團，表面會立刻斷裂
⑥ 側面可以看到火焰的石窯
⑦ 由距離火焰較遠處（溫度較低）將麵團放入烤箱。每個麵團正好可以相互倚靠程度的留下間隙，排放至烤窯中
⑧ 由烤窯中取出時，將相連著的麵包啪地扳開
⑨ 馬爾他的麵包「Maltese」。在烤箱內了不起地延展開了
⑩ 完成烘烤前，在烤窯入口處放入中央有孔洞並拉開的「Schiacciata」
⑪ 烘烤後的「Schiacciata」

打動麵包師內心的有趣麵包

Gerard Meunier先生傳授了洛斯提克麵包（Pain rustique）而Jacqes Souillat先生傳授了洛代夫麵包（Pain de Lodève）。這兩種麵包的共通性雖然是「不整型的麵包」，但麵團物性非常極端。洛斯提克麵包（Pain rustique）是僅混拌不需要揉和的麵團；而洛代夫麵包（Pain de Lodève）吸收的水分更多，也更需要確實的混拌。

Gerard Meunier先生的洛斯提克麵包（Pain rustique），雖然使其發酵，但卻將麵團的氧化抑制至最小程度。沒有進行氧化，就無法增加麵包的力道。如此呈弱酸性的麵團為何能在烤箱中延展呢？不，應該是說要如何做到能使其在烤箱中延展呢？為何烘烤完成後，較平常的長棍麵包更能感覺到甜味呢？

洛代夫麵包（Pain de Lodève）的吸水較多，相對地若略為過度攪拌地揉和後，就可以變成較容易進行作業的麵團，但如此在烤箱中會變得過度Q彈，造成內部過度緊實而成了平凡無奇的麵包。或許作成開面三明治（tartine）時是很方便，但過度緊實的內相，很容易會成為只有外觀體積好看，應該被稱為「肥代夫麵包Pain de ODEBU」吧。

無論是哪種麵包，都需要經由手工麵包坊的作業及方式，才能讓麵包變得更為精彩絕妙。或許這樣的麵包很難成為麵包坊內的固定商品也說不定，但也正因為如此，才說是麵包師必須正面迎戰的有趣麵包。

從法國麵包的長棍麵包、巴塔麵包為起始，現在是由洛斯提克麵包（Pain rustique）和洛代夫麵包（Pain de Lodève）為新法國麵包展開嶄新的方向。

總想著避免將壓力加諸於麵團，但卻因此造成麵包師的壓力…。

Bon Pain 好麵包的原料

麵粉

麵粉對麵包師而言,雖是關係最密切的原料,但意外地卻仍有許多不知道的事。在製作法國麵包時,所謂「優良麵粉」究竟是什麼樣的麵粉呢。
是「麵包師容易製作的麵粉」,或是「可以烘焙出美味麵包的麵粉」?

重視製作之難易,若以蛋白質含量多、體積容易膨脹的麵粉製作法國麵包時,就會與法國麵包漸行漸遠。
麵粉的特性會因麵粉的品種而有很大的不同,即使是相同的品種,也會因製粉的方式而有很大的變化。此外,越來越多的消費者希望所有的麵包都有彈牙的口感,能製作出此口感的低直鏈澱粉(amylose)含量的日本國產小麥非常受到矚目,但DONQ的法國麵包並不追求如此彈牙的口感。
現今,因為麵粉的選擇性太多,反而成了難以抉擇的時代。

1. 法國的麵粉分類

相對於日本麵粉以麵筋（gluten）量來分類，法國則是依灰分比例來分類。

在1963～1964年的農業年度開始，如下表般，依製粉後的灰分殘存率來規定麵粉類型。法國的麵粉僅以灰分含量和水份做為公定基準。

並且寫成「T45」的稱為「Type 45」。灰分量越少數字也越少，顏色越白。

類型	灰分含量（乾量換算）%	相對的平均良品率（步留率）%
T45	0.5以下	67
T55	0.50～0.60	75
T65	0.62～0.75	78
T80	0.75～0.90	80～85
T110	1.00～1.20	85～90
T150	1.40～以上	90～98

註）

法國麵粉的灰分或蛋白質含量的數值，是以乾量基準（dry basis）日本或美國是14%MB（濕量基準 moisture base）的數值，因此和法國數值比較時，需要經過換算。（例：法國麵粉的灰分為0.55與日本的灰分值0.473相同）

麵粉的價格，顏色白（灰色少＝步留率低）的較高。長棍麵包（Baguette）從過去以來一向使用T55，但最近用T65製作的店家也變多了。一方面是T65較為便宜，但在製作方法上，也試著將因灰分多而產生的雜味，作為強調的風味之一。

2. 認識麵粉應知道的用語

① 製粉良品率（步留率）

小麥經過製粉後所得的麵粉量，相對於原小麥重量之%標示。例如良品率（步留率）為75%時，就是100公斤小麥（粒）經過製粉留下75公斤麵粉的意思。

若將1顆麥粒當成100%時，其構成比例：外皮占14～16%，胚乳部份占81～83%、胚芽部份占2.5～3%。製粉時外皮及胚芽被去除後，若殘留的胚乳部份全都能製成粉類時，良品率（步留率）應該要有81～83%，但麩皮（外皮）會有相當部分附著在胚乳上。

因此若要提升良品率（步留率）時，反向而言要混入多少麩皮的細部才能獲得呢。混入的越少，麵粉的顏色越白，但良品率（步留率）也越差（低）。

② 灰分

所謂灰分，指的是小麥顆粒燃燒後成爲灰燼留下的部分。麵粉中所含的無機礦物質（mineral）幾乎都存在外皮及胚芽裡，因此灰分的數值可以判斷出麵粉的純度（白色程度）。在600℃的高溫烤爐中經過4～6小時，使之灰化。

③ 團展性測定圖（Alveogram）

判斷麵粉中麵筋質量的參考之一是團展性測定圖。P的大小是麵團力道的強度，也就是表示彈性，數值越大表示膨脹效果越好，但製作麵包時延展性也是必要的，L就表示延展性，也就是延展（延伸）。

可以說標示P：L＝1：2比例的麵粉，最適合法國麵包。僅彈力（P）很強的麵團即使放入烤箱也不會延展，即使延展（L）很高，也無法有Q彈感。

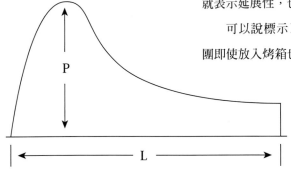

團展性測定圖（alveogram）（Chopin社）

※計算粉類性質的測試設備稱爲團展性測定儀（Alveograph），其結果如上方曲線圖般稱爲團展性測定圖（Alveogram）。

④ W值

在法國，評估麵粉的製作麵包特性時，一般是用稱爲Chopin式團展性測定儀（Chopin alveograph）的測量設備。在測試儀中放入小片的測試麵團（部份麵團）使其膨脹，在膨脹成球狀時呈現的工作量稱爲W值。

法國的小麥，雖然具有發酵性能，但問到其他的可能性時，利用此測試儀則成爲主流。如果像美國的小麥般充分具有小麥強度時，有時也無此需要。

W值，由上方圖表中所得換算成數字以公式計算後，通常是45～400。數字越高可以說是越強的粉類，但不表示W值越高越好，應該將P（Q彈）及L（延展）的平衡一起併入後，再行判斷。

據Calvel教授的說法，1990年當時法國粉類的W值，最低也有140，平均在160～180左右。但在1935～1940年，麵粉的品質是現在無法想像的毫無力道，在巴黎周邊的W值平均是90左右，其他地區最多是70左右。這樣的麵粉以手揉和，雖然一樣是重度勞動的作業，但是能較快成團，麵團很快變得光滑。短時間攪拌即可完成，所以麵團的氧化也受到抑制，麵包的柔軟內側應該呈現奶油色。

1954年Calvel教授初次訪日，選擇法國麵包的麵粉時，竟是使用力道如此低的粉類！眞是令人驚訝，但這是爲了選擇與當時法國麵粉蛋白質量相同的結果。

我們有必要試著想像法國麵包，是以筋度如此低弱的麵粉製作而成。

順道一提的是，2014年的現在，W值是200～250。

⑤ 麵粉白度測定（Pekar test）

在確認不同灰分的麵粉時，僅以麵粉的顏色是很難判斷的。因此，使各別的麵粉含水如下照片。麵粉含水後會呈現與麵團近似的顏色，也較容易想像麵包柔軟內側的呈色。

照片中使用的粉類雖然不是法國小麥，但濃淡層次狀況（gradation）應該就很容易瞭解了。

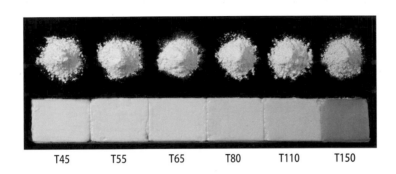

T45　　　T55　　　T65　　　T80　　　T110　　　T150

改變粉類的麵包製作測試 >>

除使用的粉類之外，所有的條件相同下製作的巴塔麵包（Bâtard）

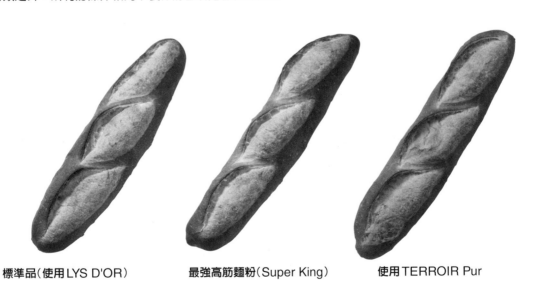

標準品（使用 LYS D'OR）　　最強高筋麵粉（Super King）　　使用 TERROIR Pur

使用100% Supper King的麵團力道很強，難以進行作業。表層外皮變薄且很快回軟，與法國麵包大相逕庭。TERROIR就完全是法國麵包了。

3. 認識「自我分解Autolyes」

所謂的自我分解，是混拌粉類和水、麥芽糖漿後，放置15～30分鐘的製程。靜置過程中，麵筋會變得鬆弛，相較於沒有自我分解的麵團更具延展性，用手揉和吐司時也能發揮作用。

自我分解是Calvel教授在1974年於業界發表的製作方法，但起始可回溯自1956年。

曾經有過，現在已經看不到的，稱為Pain de gruau的麵包。使用稱為Gruau的特級粉類製作而得名，因為這種粉的存在，使Calvel教授得以發現自我分解法。

那麼，Gruau粉又是什麼？

在法國，碾磨優質小麥時，從最上面的Stream（註：製粉時的取出口）取得細的粗粒麵粉（semolina）（有粒度的粗粒粉類）就稱為Gruau，因為價格高而被用在以富裕階層為主的Pain de gruau麵包，或是維也納麵包（Viennoiserie）等。

Calvel教授在1956年以Pain de gruau進行測試，但無論如何麵團的延展性都不佳、也無法劃切出漂亮的割紋，所以嘗試進行了某項測試。

在前一晚，用半量的粉類、半量的水和鹽製作麵團，12小時後再加上其餘半量的粉類、水和鹽，接著加上全部的酵母Yeast，再試著攪拌。結果，作出了完美的麵團，不僅延展性佳，割紋也能漂亮地劃切。這就是所謂自我分解法的開端。

最初，是以自我分解的麵團中加入其餘用量的材料混拌的方法，爾後，變成像現在般，以全部粉類混拌全部用量的水分和麥芽糖漿後，至少10分鐘，最好是靜置20～40分鐘的方法。雖然靜置時間越長越好，但因受限於製作現場的時間，視情況判斷即可。放置自我分解1小時以上時，為抑制雜菌的繁殖，事前先添加食鹽較好。

雖然現在是理所當然會進行的步驟之一，但開始竟是如此不為人知。

教授從經驗上表示，自我分解的時間「至少10分鐘，如果可以儘量是20～40分鐘為宜」。實際上，麵團如何產生變化，讓我們試著以右頁100倍螢光顯微鏡的照片比較看看。

※Gruau粉
Gruau粉生產得越多，一般普通的粉類就越少，因此第一次世界大戰（1914～1918年）後糧食危機時，Gruau粉的生產被禁止。製粉業者為了製作可以替代的高筋麵粉，但當時法國國內原料不足，所以從北美、加拿大輸入小麥調和使用。結果，創造出較過去的Gruau粉更加高品質的粉類。

自我分解中麵團組織的變化（100倍螢光顯微鏡）

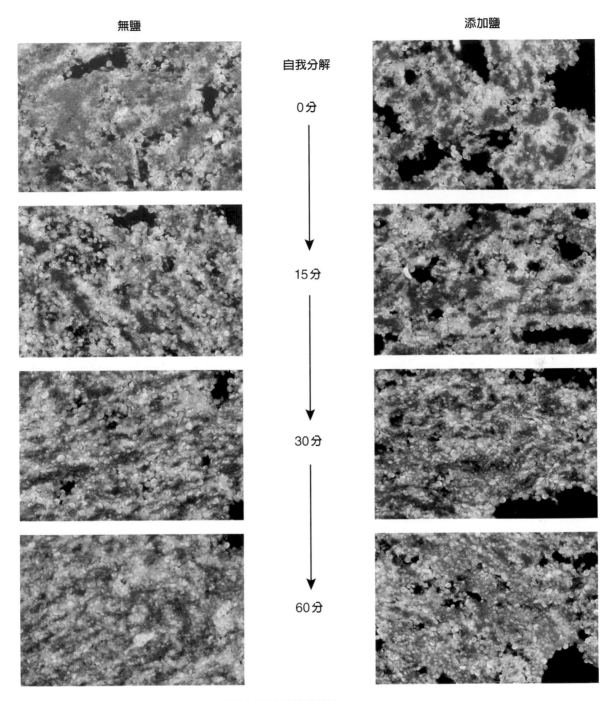

無鹽　　　　　　　　自我分解　　　　　　　添加鹽

0分

15分

30分

60分

〔照片各顏色的組成〕　紅色～淺粉紅色：麩質（顏色越濃麩質膜越濃縮）
青紫的小圓形：單粒化的澱粉
黑色部份：麵團連結性弱的地方（可知隨著時間會越來越少）

在未加鹽的麵團中，自我分解時間15分鐘左右，雖然並未顯示出任何影響，但大約經過30分鐘後，會發現塊狀的麵筋開始分解。這個傾向在經過60分、120分鐘後更為顯著。在製作麵包的現場，也關係著整體的作業，因此自我分解時間可依各別決定希望的時間，本書是以30分鐘為基本。

添加食鹽的麵團，相較於無添加的麵團，麵筋的分解方法有受到抑制的傾向。

並且，測定結果也明顯地看出自我分解中的澱粉酶（amylase）、蛋白酶（protease）等酵素活性並未見其變化。可知並非酵素的影響而溶解麵筋組織。

麵包酵母

在麵包的歷史中，與酵母的邂逅是個大躍進。

人類要如何利用自然界的力量呢。

首先，認識對方，

也關乎是否能齊備使其生命體活躍之環境。

註）

DONQ 的前一本著作「法國麵包‧世界的麵包正統製作麵包技術」（2001年）第13頁中介紹的「天然酵母種的製作方法」，當時是在麵包業界統一見解前所發表的。

在那之後「天然酵母」這種曖昧的標示成為問題，在有識之士會議的協議下，決議「天然酵母」用字會造成消費者的誤解，麵包業者在使用上須自肅。（社）日本麵包工業會、全日本麵包協同組合聯合會都接受，之後不再使用「天然酵母」用字，同時改用到目前為止。

廣泛使用的「Yeast」改以「麵包酵母」等更貼切的文字。因此本書也以此為標示基本。然而為了使文章中的內容更容易理解，也會使用「酵母Yeast」一詞。

參考： 一般社團法人日本麵包技術研究所網頁「關於天然酵母標示問題之見解」
　　　http://www.jibt.com/image/tennenkobohyoji.pdf

1. 所謂麵包酵母

酵母是「眞核生物、單細胞生物、非運動性、不進行光合作用、形狀似球狀或卵狀」的微生物總稱（並非分類學上之稱呼）。因出芽而繁殖，可進行酒精發酵。

「Yeast」被翻譯成「酵母」。然而這世上有很多人認爲「Yeast」和「酵母」是不同的東西。特別是還有認爲稱「Yeast酵母」者是不可信任的，稱爲「天然酵母」才能安心的風潮。

酵母 Yeast 的分類

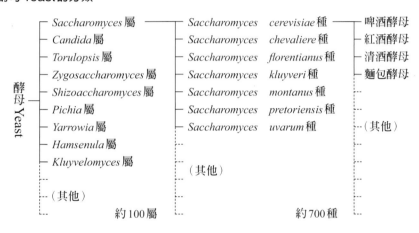

「Yeast＝酵母」從微生物的分類來看，如上所述。「Yeast＝酵母」約有100屬、700種的總稱，而我們麵包師所用的「麵包酵母」，指的是在Saccharomyces屬cerevisiae種的分類中具有最適合製作麵包特性，複數種的菌株。

也就是說，Saccharomyces・Cerevisiae不僅是製作麵包的酵母Yeast，其實也包括自家培養的發酵種在內。

很多人會以爲自己辛苦培育的菌種內棲息的酵母並不是Saccharomyces・Cerevisiae種，但是只要經過檢測就能確定其身分。然而並非單純培養的，所以才被稱爲野性酵母吧。

到目前爲止，很多人認爲自己起種（或由簡易發酵種開始起種）製作出來的就等於是天然酵母，但酵母（Saccharomyces・Cerevisiae）是無法自己製作出來的。只是將存在於自然界中的酵母（Saccharomyces・Cerevisiae）移植到培養環境中使其持續生長，進而酵母增殖而已。而將這個培養環境誤當成「酵母」的人很多，所以造成混淆，培養的環境並不稱作酵母。

並且，適合製作麵包被分類成Saccharomyces屬的其它種酵母很多，但是一般使用的是Saccharomyces‧Cerevisiae。

另一方面，像「發酵種」般被稱爲「種」的，麵包酵母（主要是Saccharomyces‧Cerevisiae）無法單獨存在，與乳酸菌共生是其必要條件。

亦即是，培養環境中酵母與乳酸菌平衡共生的狀態即爲「酵母種」。在法文，將其稱作「Levain」。若使用酵母與乳酸菌平衡良好共生的發酵種，能烘焙出優質的麵包，則可謂此發酵種是良好的種。若是發酵力不足，導致成爲雜菌的溫床，那就成了「發愁種」。麵包師是不需要這款「發愁種」的。

學名Cerevisiae是源自啤酒的拉丁語。拉丁語的Cerevisiae來自於地之神柯瑞斯（Cérès），vis在拉丁語是力量的意思，也就是「大地的力量」。

在古代法國，啤酒也稱爲cervoise。

在分析各式各樣發酵種的報告當中，從發酵種檢測出的酵母中除了Saccharomyces‧Cerevisiae之外，都不具有利用麥芽糖之能力。但Saccharomyces‧Cerevisiae其實使用麥芽糖的能力也很低。然而發酵種中所含的乳酸菌大多具有高度利用麥芽糖的能力，此時被排出細胞外的葡萄糖，就成爲Saccharomyces‧Cerevisiae的糖類來源。

乳酸菌利用麥芽糖，酵母利用排出的葡萄糖促進麵包發酵。因此這就是發酵種當中酵母及乳酸菌平衡共生，之所以非常重要的原因。一旦失去平衡，會導致雜菌繁殖、酵母的發酵力降低等狀況。

此外，發酵種中的乳酸菌大多是異型（hetero）乳酸菌，此類乳酸菌除了乳酸以外也會生成醋酸，具有抑制黴菌及雜菌繁殖的作用。

即使自己認爲沒有酸味的種就是好的種，但實際上黴菌及雜菌可能暗藏僞裝於其中也說不定。

「暗夜的道路及麵包種，都必須多加注意留神啊！」

［參考］

一般社團法人日本麵包技術研究所網頁

オリエンタル（Oriental）酵母株式会社　山田　滋「所謂發酵種～」

2. DONQ所使用的酵母Yeast變化

1966年(昭和41年) DONQ的青山店開幕時,使用了日本的新鮮酵母製作法國麵包,但接受Calvel教授的建議後,進口了法國LESAFFRE公司預備發酵型的乾酵母,重複進行測試。測試結果良好,其後開始持續進口(現在是由日法商事(株)進口)。

新鮮酵母

之後,即溶乾燥酵母Instant Dry Yeast進口後,改成使用「Saf 的Instant Yeast(紅)」。針對日本市場的Saf Instant Yeast為防止開封後發酵力降低,作為防止氧化劑地添加了維生素C。

維生素C作為防止氧化劑地裝入酵母袋內(與茶類保特瓶中放入維生素C一樣效果),但在麵團中會作為氧化劑地作用而強化麵團,DONQ製作麵包的配方中添加維生素C的溶液量逐漸減少,最後即使配方中不添加維生素C溶液,也能有恰到好處的優質麵團,直到現在。

若在製法上,不得使用氧化劑的配方時,改用「Saf的Semi Dry Yeast」即可。甚至若要調整麵團的強度時,可以適量搭配「Saf的Instant Yeast(紅)」與「Saf的Semi Dry Yeast」來調整。

Saf Dry Yeast
(無維生素C)

Saf的Instant Yeast(紅)
(含維生素C)

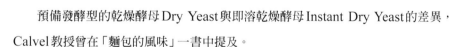

預備發酵型的乾燥酵母Dry Yeast與即溶乾燥酵母Instant Dry Yeast的差異,Calvel教授曾在「麵包的風味」一書中提及。

首先,關於乾燥酵母Dry Yeast。

「預備發酵型的乾燥酵母Dry Yeast,只要使用新鮮酵母的一半用量就可以達到無可挑剔的效果。只是隨著用量增加,相較於新鮮酵母,麵團或麵包上容易產生較強烈、異常的、令人不悅的酵母味道等缺點。」

在我進入青山DONQ的1970年當時,已經開始使用這種乾燥酵母Dry Yeast了,所以一直誤認為這種Dry Yeast的味道就是法國麵包原有的風味,即使現在偶爾也吃到添加乾燥酵母Dry Yeast的麵包時,也會有種懷舊的感覺,確實與法國麵包新鮮酵母的香味有異。

另外,關於即溶酵母Instant Yeast的說明如下所述。

「使用新鮮酵母的1/3用量，即溶酵母Instant Yeast會產生無法挑剔的效果。就酵母的氣味程度而言，即溶酵母Instant Yeast比新鮮酵母、尤其比預備發酵型的乾燥酵母Dry Yeast還低。此種即溶酵母Instant Yeast特有的香氣，會在麵包多層次的風味下、純粹自然的小麥味、酒精發酵、烘焙後產生的風味下消失。也就是說，可呈現麵包的自然風味最適合不過。」

昔日，家庭中製作麵包，曾有過使用令人無法置信大量酵母的時期，以如此多添加量烘焙麵包的人問：「我製作的麵包會有酵母的氣味，爲什麼呢？」，答案實在太理所當然，反而不知該如何回覆。這雖是題外話，但法國麵包的美味並非來自酵母本身的風味，而是來自酒精發酵的風味、來自麵粉的風味以及烘烤時生成的風味。

酵母的用量也必須經過摸索，因應pointage（第一發酵）的時間，找到不多不少恰到好處的用量。

食譜配方的內容不見得都是正確的。因應環境地變動才是「Bon・Boulanger好的麵包師」的工作。

改變酵母類型的麵包製作測試 〉〉

使用Saf的
Instant Yeast即溶酵母（含維生素C）

使用預備Dry Yeast
乾燥酵母（無維生素C）

使用Semi Dry Yeast
半乾燥酵母（無維生素C）

右邊2者是無維生素C的麵團。延遲壓平排氣並採取其他對策，不需太辛苦地只要有研究室，也能烘烤出不遜色於無添加維生素C麵團的膨鬆體積效果。但1970年代當時沒有添加維生素C會相當抑制膨脹，所以是個無法想像沒有用維生素C要如何烘焙的時代，所以測試的結果令人訝然。

特別是預備乾燥酵母Dry yeast雖沒有維生素C，也能完成烘焙確實是出乎意表。

3. 製作麵包用的酵母種類及特徵

在DONQ，法國麵包使用的是法國的酵母。LESAFFRE是世界最大的酵母製造商，從其製品陣容中，在此針對DONQ使用的酵母來說明。

Saf Dry Yeast 乾燥酵母（本書以預備Dry yeast乾燥酵母表示）

將新鮮酵母的水分乾燥至5%，使用時需要預備發酵的類型。是適合具有獨特香氣及麵團延展性特徵，低糖麵團類型使用的酵母，用於以法國麵包為主的硬式麵包系列，從1969年開始就長期使用。

「使用方法」

預備發酵　　　　　　　　　　（使用自我分解法autolyes時）
砂糖：酵母用量的1/4　　　　（1/5）
熱水（42℃）：酵母用量的5倍　（4倍）
1）在熱水中溶化砂糖，酵母均勻撒放至水中。
2）7～8分鐘後輕輕攪拌
3）之後經過7～8分鐘，完成預備發酵
※ 預備發酵中必須先隔水加熱以確保維持40℃的溫度。

Saf Dry Yeast 乾燥酵母
原料：乾燥酵母

Saf Instant Dry Yeast 即溶酵母（紅・藍）

（本書中以Instant Yeast 即溶酵母（紅）的方式標示）

Dry Yeast 乾燥酵母與同樣適合低糖麵團用的麵包酵母，使其水分乾燥至5%。在日本從1974年起開發並使用至今，使用前不需預備發酵，可直接撒入粉類或麵團中即可使用的產品。

（紅）是添加了維生素C，可以提高麵團的安定性，對於冷藏麵團也能發揮其效果。（藍）是相同的酵母，但未添加維生素C，所以用想要自行控制麵團力道時。

同時，也有用於高糖麵團的耐糖性麵包酵母（金）。

「使用方法（紅）（藍）相同」
不需要預備發酵。只要與粉類均勻混拌或在攪拌開始1分鐘時撒放。
※ 要注意若直接觸及冷水，會導致活性的不穩定。
※ 使用自我分解法時，在開始自我分解之前，攪拌即將結束時撒放，在酵母的顆粒全部接觸到麵團的狀態下，讓酵母吸收水份。

Saf 的 Instant Yeast 即溶酵母
原料：乾燥酵母、脂肪酸山梨醇酐酯
（Sorbitan Fatty Acid Ester）、維生素C（僅紅標）

Saf 的 Semi Dry Yeast 半乾燥酵母（紅）

水分用量介於Dry Yeast 乾燥酵母和新鮮酵母之間，是LESAFFRE公司專利製法所生產的酵母。與Instant Yeast 即溶酵母同樣有2種，低糖麵團用的是紅色類型，高糖麵團用是金色類型。

培養後，在完全不損及酵母的情況下，將水份乾燥至25%後，將其凍結，可得到一般情況下無法取得，剛完成且完全未有自行消化（酵母本身所含消化酵素之作用）的麵包用酵母。外觀和Instant Yeast 即溶酵母幾乎相同，使用時從冷凍庫取出即可直接使用。

Saf 的 Semi Dry Yeast 半乾燥酵母
原料：乾燥酵母、脂肪酸山梨醇酐酯
（Sorbitan Fatty Acid Ester）

相較於其他的乾燥酵母或新鮮酵母，冷水耐性非常強、酵母氣味少，在酵母容易受損的冷凍麵團中也可發揮安定的強力效果。保存在-18℃中，其優越的安定性及高發酵能力可以維持2年。

4. 啤酒酵母及麵包酵母

據聞，在拿波里披薩誕生的1600年代左右，是個沒有冰箱的時代，因此使用的是至少發酵7～8小時的麵團。當時沒有新鮮酵母，因此使用自然種或是啤酒工廠發酵時頂層慕斯狀的物質。

重要的是，藉著少量酵母量使其長時間發酵麵團所產生的發酵風味，才是最需要重視之處。披薩就像是麵包坊內「烘焙料理麵包」的元祖。重視搭配食材與食用的麵包風味，考量兩者均等重要的麵包坊應該要與之學習。

而且，拿波里披薩的麵團中，有規定不可添加橄欖油。而在日本，為了容易食用而加入橄欖油是第一個考量吧，麵包基本材料的麵粉、麵包酵母、鹽、水以外不被認可之處，也值得深思。但製作披薩時必要的鹽，配比較多(2.7～2.8)，用這樣的麵團來烘焙麵包，就會過鹹而不適合。

拿波里披薩有嚴格的規約限制，但是「真正拿波里披薩協會」日本分部，將其規約依日本的實際情形加以解釋運用。其著作中關於酵母，有「啤酒酵母」及「麵包酵母」的用語說明，內容解說非常明快易懂。麵包坊也至少必要有此程度的認知，所以雖然內容稍長，仍引用如下。

※「啤酒酵母」及「麵包酵母」的用語解說
「Lievito di birra」直接翻譯就是「啤酒酵母」。酵母的學名中包含了cerevisiae是源自凱爾特語的拉丁文，「啤酒」的意思。在義大利，將這種酵母的名稱直接翻譯並稱之為「啤酒酵母」。這種酵母在19世紀中期，是由啤酒製造過程中採集並培養而成的。實際上，拉格啤酒(Lager beer)使用其他種類的酵母。Lievito naturale(自然種：活用最初即附著在食材上的酵母、因是家庭自行製作無法特定菌種種類)，或Lievito madre(發酵種或老麵：由家庭自行製作維持其續種。使用前一日製作殘餘的麵團等)。大家也必須理解Lievito di birra本來的意思就是「純粹穩定之物質」(※)。

※關於「純粹穩定之物質」的補充
也就是酵母(主要是Saccharomyces‧Cerevisiae)確實是被「培育」出來的，但原本就存在於自然界內的野生酵母則沒有改變。市售的「Yeast酵母」，是提高酵母的純度，作為「餌」，幾乎沒有殘留培育環境的特色，所以使用酵母時，對各種食品風味或氣味不會留下任何影響，僅活用酵母的發酵作用，所以使用方便。
(摘自：「真正拿波里披薩技術教本」(「真正拿波里披薩協會」日本分部著　旭屋出版2007年)

5. 標示「天然」及「自然」的酵母

表現酵母的語詞，在現代的日本錯綜複雜。在此，如下列表格般，試著將使用這語詞的所屬團體和使用這些語詞的觀點，進行整理。更希望能成為今後麵包專業人員們應該使用的用語（部分為想法提案）。

關於天然酵母或酵母Yeast的語句解說

一般消費者	家庭自製麵包	網路或雜誌常用之標示	此後麵包業界的定義（部份為想法提案）	解說
Yeast（イースト）	Yeast（イースト）	Yeast（イースト）	麵包酵母	1
天然酵母	天然酵母	天然酵母	麵包酵母	2
		天然酵母種	發酵種	3
	麵包酵母	酵母麵包（酵母パン）	不使用	4
		發酵種Levain＝酵母	發酵種Levain≠酵母（發酵種Levain不是酵母的意思）	5
		家庭自製酵母	不使用	6
		野性酵母種	不使用	7
	家庭自製培養酵母		家庭自製培養發酵種（提案）	8
酵母菌			麵包酵母	9

如同上述，部分人們使用的「天然酵母」是不適當的用法，希望未來不再使用。雖然已經習慣的語言並不容易改變，但為了不使消費者誤解麵包界的標示或說明，不宜輕易濫用「天然」或「自然」的時代已經到來。但是現在要找到能替代「天然酵母」，又簡潔易懂的語詞並不容易。首先必須排除冠以「天然」的語詞開始，若置之不理，總有一天可能會引發不當標示或是標示食品不實的問題。

解說1

「Yeast酵母」之詞，是各式各樣酵母的總稱，所以容易造成誤解。因此，對於Saccharomyces屬Cerevisiae種，不稱為Yeast酵母而改為製作麵包所使用酵母之意－「麵包酵母」。伴隨而來的，大型麵包製作工廠，麵包袋上標示的酵母也都需要改為「麵包酵母」。

解說2

所謂「天然酵母」，名稱會使消費者誤解，因此推動方針是今後不再使用（現在日本麵包工業會和全日本麵包聯合會的會員公司都已經開始實施，但不包含其中的門市麵包坊（retail bakery）仍然暢行著「天然酵母」，是現狀）。也有人認為是「天然素材」酵母，「天然培育」酵母的意思，但其實不應該如此隨便使用「天然」之詞。

解說3

發酵種不能冠以「天然」之名。一直以來的麵包種，不僅是麵包酵母，也同時有很多的乳酸菌及其它的微生物繁殖。有時也會繁殖有害的雜菌，而導致麵包種無法使用的情況。為了避免這種情況，世界上傳統的麵包種微生物當中，除了酵母還有其他多數增殖的乳酸菌。乳酸菌生成的有機酸能抑制雜菌繁殖，因此穩定發酵種。發酵種是乳酸菌與相容性佳的麵包酵母的菌株，因而能活躍並作用。

順道一提，「發酵種」之外也建議可以使用左側標示的名稱。

解說4

稱為天然酵母麵包的家庭製作麵包，經常製作不是使用Yeast酵母的麵包，所以稱為「酵母麵包」。

此時的酵母雖然是天然酵母之省略，但不添加Yeast酵母是作不成麵包的，因此稱為「酵母麵包」其實是沒有意義的。

在此背景之下，因為太不喜歡「Yeast」所以將其標示為片假名イースト等同於不佳，而日文漢字的「酵母」則在心理因素上令人有較好的感覺。

解說5

也有斬釘截鐵地記述著發酵種Levain就是酵母的文章，但這是錯誤的。發酵種Levain在廣義上是指「種」，狹意上是「Levain naturel」（不加入製作麵包用的酵母Yeast所製作的麵包發酵種）。

這也會關係到解說4，但是對於認為酵母本來就是麵包種的人而言，「所謂發酵種Levain就是酵母Yeast」的說法或許是成立的，然而做為專業的麵包師是不成立的。「酵母」是指Saccharomyces・Cerevisiae，其中以乳酸菌為首，與其他微生物共生，而成為「種」。因此我個人並不喜歡將「酵母」和「種」當成同義詞使用。

解說6

酵母（Saccharomyces・Cerevisiae）是無法在家庭中自行製作出來的。可以讓寄生於自然界的某種酵母移至培養環境中使其增殖，但酵母本身是不可能製造出來的。所謂家庭自製酵母，應該大部分是要寫成家庭自製酵母種吧，但這種前後矛盾的說法，其實是不適當的用詞。

解說7

所謂野性酵母，雖然指的應該是未經改良品種的野性酵母種，然而家庭自製的發酵種全部都可稱為野性酵母種。但也可能被視作酵母種，眾說紛紜。所謂酵母種，就是Yeast種的意思，因為在法國，沒有乳酸菌共生的不被稱為種。話雖如此，在同一廚房內管理複數的發酵種時，野性種究竟能持續到何時呢。拘泥於野性酵母種的人，應該也只喝不添加紅酒酵母的紅酒吧。日本酒也只喝酒母（KIMOTO）的釀造酒吧。

解說8

「家庭自製培育酵母」，正如解說6的說明，也許想要表達的是「家庭自製培育酵母種」，如解說7酵母種等同 Yeast 種，因此對照法國的發酵種 Levain 基準時，就無法分類成「酵母種 Levain」。

另外，雜誌上經常介紹的市售「發酵種」，若乳酸菌數不足時，即有可能成為以培養酵母為主的物質。

以乳酸菌充份增殖，傳統發酵種所製作的麵包，有著用酵母 Yeast 製作的麵包所沒有的風味，因此 DONQ 也將使用發酵種製作出的麵包商品化。另一方面，可以做出純粹發酵風味的酵母 Yeast 麵包，也會有發酵種麵包無法模仿之處。

DONQ 製作發酵種商品，並非因為「安全」或「對身體好」等理由，單純因為是「好吃的食物」而已。

解說9

因為酵母指的是 Saccharomyces・Cerevisiae，所以 Yeast 的說法是不適當的。例如乳酸菌是製作乳酸的菌，麴菌是製作麴的菌，這才是適當的說法，但酵母菌，Yeast 菌變成是製作酵母的菌，所以並不適當.

（參考：オリエンタル（Oriental）酵母工業株式会社資料）

鹽

Calvel教授在其著作中寫到關於鹽的用量

「在巴黎1.8%是適當的」。

但不知為何，日本長棍麵包（Baguette）的鹽已固定成2%，

也許將來必須開始考慮減鹽。

1. 鹽的品牌會改變麵包的味道嗎

近來，鹽成為美食講究的對象，堅持「鹽只限用Guerande」的專業麵包師也很多。「哪裡的鹽好吃」的資訊也隨處可見，但無論哪種鹽，大部分成分都是氯化鈉（NaCl），味道不可能會不同。雖然舔其味道能吃出不同，但使用於麵包時，是溶化在麵團裡，因此即使是用高價有名的鹽，並不表示可以提升麵包的味道。

另外，依不同製品，鹽裡氯化鈉的含量也有所不同，若變更使用的鹽，必須換算氯化鈉的量使其與目前所用的鹽具相同的量。順道一提的是，氯化鈉含量低的鹽，等同於礦物質豐富，但考量水分用量相同的條件下，礦物質含量也沒有太大的差異。同時，若希望從鹽取得一天必須攝取的礦物質量，就必須大量攝取鹽，那可是足以致死的用量了。

日本的營養狀態並不差，不致於需要由使用在麵包中的鹽來吸收礦物質，並且不論是Guerande或日本離子交換製法的鹽，當中所含的氯化鈉都是一樣的。

像這樣的堅持，就像是「（所謂）天然酵母」、「市售酵母Yeast」的麵包酵母，在生物學上都是相同的，但聽起來的印象卻完全不同也說不定。

市售酵母Yeast的麵包酵母並不是化學合成物質，但冠以天然之名就會讓很多人覺得了不起，真的令人覺得不可思議。

某雜誌刊載了Au Bon Vieux Temps河田先生，研究家庭自製的生火腿，試用了許多鹽之後，得到的結論是肉的本質並不會受其影響，這真是深得我心的結語呀。

2. 鹽該注意的不是品牌而是用量

鹽是製作麵包時不可或缺的原料之一，但在法國直至18世紀末，鹽的使用都受到相當的限制。使用發酵種Levain的麵包當中，若沒有加鹽，即使烘烤完成也會散發酸味，但沾浸在湯品中食用，即使無鹽（或少鹽）也不會有什麼問題。

現代，每日鹽的標準攝取量是減少的，麵包的鹽用量和卡路里一樣，儘可能減少攝取。因此製作出減少鹽的用量仍能感覺美味的麵包，是非常必要的。

有些麵包師會增加高吸水麵團的鹽用量，但在DONQ，即使是洛代夫麵包（Pain de Lodève）般的種類，也不會增加鹽的用量。這是因為麵團確實是吸收了較多的水，但燒減率也較高（烤箱內麵團的水分會逸出更多）。

鹽，該注意的不是品牌，而是用量。

Calvel教授在1952年出版的書中曾提及：「法國麵包的鹽用量會依地方習慣而有不同」。又提到：「在巴黎是1.8%」。這是pointage（一次發酵）還需要4小時，當時的說法。

但在1954年訪日時，當時PANNEWS的報導中，變成了2%。不知道是與日本相關人員諮商後變成了2%，還是他個人的考量，到了現今雖然仍無法確認，但自此以後日本的法國麵包，鹽的用量就固定是2%。

在法國，之後出現了白麵包（Pain blanc）。彷彿是麩般沒有味道的麵包，所以用鹽加以修正地提高到2.1～2.2%。

並且，在最後攪拌階段放入鹽的「後鹽法」，是爲了讓麵團在鹽添加之前，能夠進行氧化，所以麵團的顏色看起來更白。這樣的製作方法對於膨脹體積是有效果的，但卻會損及風味變得淡而無味，所以DONQ並沒有採用此製作方法。

改變鹽量的製作麵包測試 〉〉

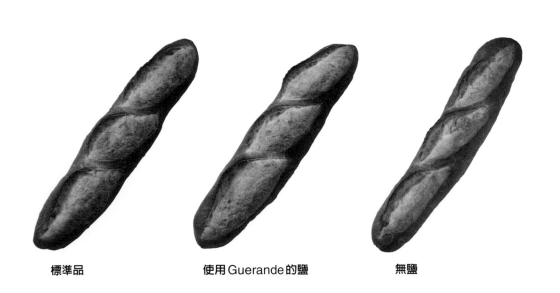

標準品　　　　　　　使用Guerande的鹽　　　　　　無鹽

Guerande的鹽使用2%，麵包中的鹹味略有不足，感覺味道淡薄。無鹽時，發酵會更快，因此pointage（一次發酵）快了30分鐘，最後發酵也無法避免地變快。烘烤色澤較淡。沒有鹹味當然很難吃。

水

麵粉的蛋白質，遇到水之後會形成麵筋。

水可以膨脹澱粉粒子，支撐住麵筋組織。

水分一旦形成濕潤環境的同時，也能活化酵素。

烘烤完成麵包的柔軟內側，潤澤的口感就是水的作用。

如此重要的材料，無關乎其重要程度，原料成本近乎零。

水呀，真是好伙伴呐。

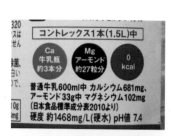

製作麵包測試時使用的水
Contrex（上）
南阿爾卑斯天然水（下）

1. 水質與製作麵包之適性

在日本，受惠於水質，幾乎不需要神經質地擔心預備材料的水質、飲用是否適合。但公司或大樓屋頂上的儲水水槽卻有異於上水道的品質。

以前，曾經在福岡市百貨公司內店舖中，製作長棍麵包（Baguette），翌日在同一市內其他的公司工廠，同樣製作長棍麵包（Baguette）時，卻明顯地出現了不同的麵團物性。

粉類也是同一批次，所以覺得不可思議遍尋不出原因時，後來聽說福岡市的上水道水源有3處，此時才發現「原來是這個原因」，但確實是個少見的例子。

最近，似乎也有些人特地提高水的硬度，想要增加製作麵包之適性，但若使用自來水以外的高硬度水，會提高麵包的成本。結果是否能提高售價呢？如果無法提高，那麼只好磨練自己不使用高硬度水的麵包製作技術了。

水硬度改變的麵包製作測試 〉〉

標準品　　　　使用高硬度水（硬度約1468mg/L）　　　　使用軟水（硬度約30mg/L）

超高硬度水，吸水的全量使用的是「Contrex」，麵包Q彈，風味與香氣都略有違和感。軟水是「南阿爾卑斯天然水」，較標準品略有沾黏，體積也略受抑制。

　　法國的麵包政令中規定「傳統麵包」的材料，水是單純的「飲用水」。不知道是法國自古以來都使用小川、河流、泉水或湧泉的水，或是只要能喝的水都可以，並沒有更明確的指定。但可以斷言的是飲用水，指的絕不是裝在保特瓶內的礦泉水，而是一般飲用的水。

　　麵粉是添加了水才開始成為麵團的。在法國16世紀以後，據說有稱為Pain de Gonesse的麵包聞名巴黎，說法之一是因為有良好的水質。雖然不能確定指的是否為良好的麵包製作特性，但可以知道戈內斯（Gonesse）的水應該優於巴黎的吧。提及於此，洛代沃麵包（pain de Lodève）也有洛代沃地區水質良好的記述。無論哪一種，對於麵包製作特性的影響卻沒有定論。

　　日本酒在釀造之際，水分總被認為是非常重要的一環，但在麵包製作上，並非只是發酵的因素，而是關係著適合麵團製作的要素（硬度等）。

2. 水量…追求恰到好處的硬度

　　水量，過去的考量「麵團硬的比較好」是主流，因此較為少量。現在反而是攪拌的最後，再補足水分的「bassinage後加水」開始成為多數的傾向，儘可能添加水分以促進水和作用，所以「柔軟麵團」變多了。

　　因為柔軟麵團與作業技術能力有關係，所以每個人最適切「硬度恰到好處」的麵團吸水量，必須要由自己去探索了。

　　法國過去的麵包都是硬麵團。雖然也有因為小麥的變化，但專業麵包師的技術提升，漸漸地能夠以柔軟麵團進行製作，在1952年Calvel教授的書中，就以①硬麵團（吸水55%）②中間麵團（吸水60～62%）③柔軟麵團（吸水65%）來區分。

　　現在雖然不太製作硬麵團了，但鄉村地方的麵包中，還是有像「Pain beaucaire」或「Pain brié」的麵團般，以硬麵團來製作的麵包。
　　中間硬度（pâte Bâtard）是製作得最多的。
　　柔軟麵團特別適合用於花式麵包（Pain de fantaisie）。

　　這個時代在書上會特別提到。在法國，過去以來都認為用硬麵團製作的麵包營養價值較高。是以吸水較多時水分會稀釋營養成分作為詮釋。吸水越多也越快發霉，所以為了避免此狀況才使用硬麵團。

麥芽

黑褐色麥芽糖狀物質的麥芽糖漿，

雖是少量但卻在法國麵包麵團中具有很大的作用。

麥芽的酵素可以將麵團中的澱粉糖化，

成為麵包酵母的能量來源，促進酵母作用。

能夠知道這樣的理論結構，

就是通往 Bon Pain 好麵包大道的指標吧。

這個單元是由 Bon Pain 研究會 Malt（麥芽）小組委員會的協助而完成。

1. 所謂麥芽

1) 麥芽的定義與成分

麥芽是以大麥爲主要原料的加工食品,在日本沒有法規上的定義。如果非以文章來記述時,應該是「在大麥中加入適度的水分使其發芽,將麥粒磨碎後使其酵素糖化之後,濃縮而成的」。

麥芽有各式各樣的種類,從啤酒類飲料以至調味料,運用範疇廣大,但主要用於麵包製作,是麥芽糖狀的「麥芽糖漿Malt sirop」和粉末狀的「麥芽粉Malt powder」。

試著嚐嚐麥芽糖漿就可以感覺到其獨特的香味及濃郁的甘甜。麥芽糖漿的主要成分,是以麥芽糖爲主的醣類(60～65%)和水分(20～23%)。其他還包含糊精(dextrin)、可溶性蛋白質、礦物質、有機酸等。但在麵包麵團中具有重大作用的是麥芽糖漿所含的「酵素」。關於其作用及功能,稍後再詳加說明。

2) 麥芽的製造方法

麥芽的製造過程,最重要的就是使大麥發芽的工程。給予適度的水分,經過浸麥處理的大麥在15～20℃的環境中約10天左右,就能發芽。一旦發了芽,麥粒中的酵素活性會迅速一氣呵成地提高,麥芽糖漿特有的香氣,以及在麵包麵團中產生作用的就來自酵素。

順道一提,因麥芽長短的不同,酵素活性也會因而有異。成長約是麥粒1.5倍長的,是長麥芽,約只有1倍長的稱爲短麥芽,長麥芽的酵素活性較強。

其次,發芽狀態無法安定地進行製作,因此爲避免酵素失去活性,以40～90℃的熱風使其乾燥成水分2～7%的程度。並且除去不用的麥芽,再碾磨成細粉。這個階段製作出的就是「麥芽粉」。

一般麥芽都給人甜的印象,但如此完成的麥芽粉,因爲未經糖化,所以幾乎感覺不到甜味。

磨碎的大麥(依品牌不同,也有混入玉米等穀粉)會被投入糖化糟。加水混合後,在槽內保持50～65℃,約7～15小時慢慢糖化。也就是在發芽過程中,活性化的酵素將澱粉分解成麥芽糖或糊精(dextrin)。這個糖化作業後經過濾,將水分濃縮成20～23%的成品,就是濃縮的「麥芽糖漿」了。

本書當中,DONQ使用的是以 euromalt(Diamalteria Italiana社)爲主,將進行全面性的說明。

3) 麥芽的種類

重覆一次，主要用於麵包的麥芽有麥芽糖狀的麥芽糖漿，和粉末狀的麥芽粉2種。

麥芽粉的醣類含量並不高，但因其含有的酵素類，能期待穩定的作用。在Calvel教授、Willm教授的指導之下，於1969年完成了LYS D'OR作為法國麵包專用粉，但其配方中含有微量麥芽粉，配合麵包種類、特徵，在攪拌時添加最適量的麥芽糖漿，才更能烘烤出理想品質的麵包。

那麼，麥芽糖漿有哪些種類呢。比較市售各公司的麥芽糖漿，首先會注意到的是色調的不同吧。從比較淡的糖色到黑褐色各式各樣的都有，色調不同是源自於原料麥及製作工程的差異，特別是濃縮作業的溫度高低也有影響。

選擇使用的麥芽糖漿時，最重要的不是色調而是所含酵素力的不同。市售的麥芽糖漿有酵素完全沒有作用的，也有具強大效果的各種類型，因此若沒有選擇到最適合的種類，不但沒有幫助，反而會造成品質的低落。

說來會變得非常深入，就是麥芽糖漿中所含酵素力是以Lintner值為單位來表示，數值越小酵素力也越弱，數值越大酵素力也越強。相對於euromalt品牌的Lintner值是49，日本國產相同類型麥芽糖漿的Lintner值只有20。若能於事前掌握到這些資訊，就能在選擇麥芽糖漿時作為參考吧。

2. 麥芽糖漿的作用

1) 麥芽糖漿之於麵包的效果

若將麥芽糖漿置換成等量的砂糖加入麵團製作，會有什麼樣的結果呢。以科學上的考量來看，雖然可以期待有一點點近似的效果，但卻不可能烘焙出相同品質的麵包。麥芽糖漿與砂糖有何不同呢。首先希望大家看看麥芽糖漿之於麵包，有以下的5項作用。

① 有助於酵母的活性發酵

麥芽糖漿中所含的醣類大部分都是酵母可以直接利用於發酵的麥芽糖。再加上麥芽糖漿所含的酵素會分解麵團中的澱粉，故能持續供給醣類。所以藉此促進發酵的同時，還能提高發酵的持續性。

② 使麵團具有機械耐性

利用所含有的酵素，使麵團光滑並提升延展性。藉此以減少攪拌及切分時對麵團造成的損傷。

③ 使烤箱延展效果良好

促進發酵，增加麵團中氣體量的同時，也藉由酵素使麵團呈光滑狀態。進而優化麵包在烤箱內的延展及內相。

④ 延遲麵包的老化

因酵素而生成高保水力的糊精（dextrin）（澱粉被分解成醣類過程中的產物），所以烘烤完成後也能延緩麵包的老化。

⑤ 增添麵包的烤色及香氣

利用酵素生成的醣類和因酵素而產生的各種成分效果，使得烘焙完成時能有芳醇的香氣。

另一方面，使用砂糖取代麥芽糖漿加入時，麵團內糖量暫時性的增加促進發酵，但並沒有酵素的作用。因此使用砂糖時，幾乎無法期待出現以上的5種效果。

改變麥芽用量的麵包製作測試 〉〉

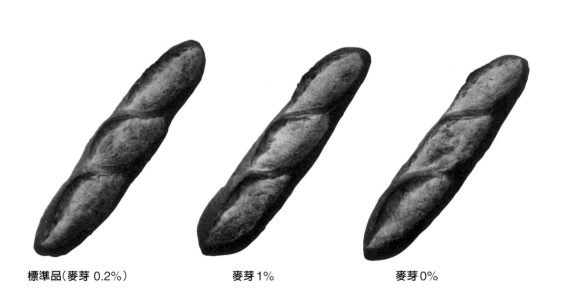

標準品（麥芽 0.2%）　　　麥芽1%　　　麥芽0%

麥芽1%時，很快就產生烘烤色澤，但表層外皮的回軟也很快。雖然可以感覺出甜的味道，但相較於自然的甜味，更多了些甜膩的感覺。無麥芽時，不易產生烘烤色澤，風味也略遜一籌。

圖1 麵團中糖質的變化與相關的酵素

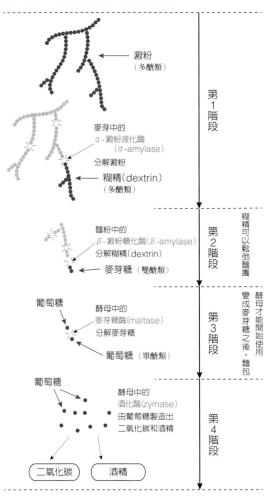

2) 麵團中的作用結構

那麼，我們試著思考麥芽糖漿的5項作用會引起何種反應呢。但若是「醣類」、「酵素」這樣的科學用語不太容易理解時，希望大家可以先閱讀「3. 更加理解麥芽糖漿作用的相關知識」。

酵母因發酵生成了二氧化碳和酒精等，而使得麵團膨脹，這是眾所皆知的事。但酵母無法直接利用麵團中存在的豐富澱粉進行發酵。澱粉必須先分解成「麥芽糖」或「葡萄糖」的形態才能被使用。

【圖1】當中，顯示出麵團中的澱粉變化成二氧化碳和酒精的過程，分成4個階段。首先，最初是澱粉經由稱為α-澱粉液化酶（α-amylase）的酵素作用，被分解成糊精（dextrin）。其次，糊精（dextrin）藉由β-澱粉糖化酶（β-amylase）再被分解成麥芽糖。到了這裡，終於首次成為酵母可利用的狀態了。

被酵母吸收了的麥芽糖，被酵母所擁有稱為麥芽糖酶（maltase）的酵素，分解成更細小的葡萄糖。葡萄糖又同樣地被酵母所擁有稱為酒化酶（zymase）的酵素，分解成二氧化碳和酒精。也因此，麵團膨脹時，會同時產生芳醇的香氣。

各階段中所得到物質，都各有其功能性。例如糊精（dextrin）可以提升麵團的延展（前項的5種效果②和③），同時還能延緩老化（④）。麥芽糖可以促進發酵（①），同時也能優化烘烤色澤和香味（⑤）。

如【圖1】右側顯示4個階段連續的流程進行時，就會是非常良好的發酵狀態。但一般的麵粉，在第2階段雖然含有β-澱粉糖化酶（β-amylase），但因第1階段所需的α-澱粉液化酶（α-amylase）不足，因此常在開始時就產生停滯。為此添加含有豐富α-澱粉液化酶（α-amylase）的麥芽糖漿，就能使整個流程順暢，再加上麥芽糖漿本身含有麥芽糖，也能直接進入酵母當中，具有促進發酵的作用。

圖2 麵團中發生的現象

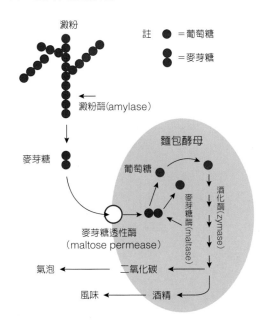

麥芽糖酶（maltase）：將麥芽分解成2分子葡萄糖的分解酵素
酒化酶（zymase）：葡萄糖、果糖分解後，製作出二氧化碳和酒精的解糖類酵素群

3. 更加理解
麥芽糖漿作用的相關知識

1) 關於醣類

或許有人會認為本書是以法國麵包為主，不需要糖的說明。當然，法國麵包配方當中砂糖是完全不在討論範圍內的，也如前所述，砂糖無法達到麥芽糖漿的作用。但即使是法國麵包，能有技巧地控制麵團中的「醣類」也是非常重要的。

那麼，大家是否知道「醣類」和「糖類」的不同呢。

「醣類」有各式種類，在營養標示基準中，碳水化合物中除去食物纖維之外，全部的物質都是「醣類」。

而「糖類」，指的是在醣類當中，在水中輕易溶化且呈現甜味的物質。（糖類標記當中，併用著稱為砂糖或麥芽糖的一般名稱與稱為蔗糖(sucrose)、麥芽糖(maltose)的物質名稱，所以容易覺得困難。請參照【表1】。）

從科學方面來看，無法再分解成更簡單結構者稱之為「單醣」，葡萄糖(glucose)、果糖(fructose)、半乳糖(galactose)皆屬之。

另外，兩個單醣結合而成的稱為「雙醣」，例如砂糖(sucrose)是由葡萄糖和果糖各1結合而成的，所以麥芽糖漿中所含的麥芽糖(maltose)就是由兩個葡萄糖結合而成的。

再者，約10個左右的單醣結合的是寡糖(oligosaccharide)，複雜地由數十個至數萬個結合者就成了澱粉。

也因此，麵團中的澱粉被分解成單醣或雙醣，被酵母作用發酵的同時，也會影響到麵包的烘烤色澤。

2) 關於麵粉中所含的糖類

麵粉主要成分是碳水化合物($65 \sim 78\%$)，其中大部分是澱粉。酵母直接發酵時可利用的糖類在100公克的小麥中，含有0.04公克的葡萄糖、0.12公克的麥芽糖等，無論哪一種都僅微量。只利用這樣的含量，無法足夠使其持續發酵，因此無添加糖類的法國麵包，巧妙地使麵團中生成發酵時能利用的糖類，非常重要。

表1 醣類的分類

區分			一般名稱	物質名	甜度	結構	結構形態
醣類	糖類	單醣	葡萄糖	glucose	0.5	果實或蜂蜜等大多存在於自然界的單醣	●
			果糖	fructose	1.5	與葡萄糖同樣地大多存在於自然界的單醣	⬢
			半乳糖	galactose	0.3	以乳糖或少醣類結構存在於自然界的單醣	■
		雙醣	麥芽糖	maltose	0.4	2個葡萄糖的結合	●—●
			砂糖	sucrose	1.0	葡萄糖和果糖的結合	●—⬢
			乳糖	lactose	0.1〜0.4	葡萄糖和半乳糖的結合	●—■
	少醣類		寡糖		0.3〜0.5	3個〜10個單醣的結合	
	多醣類		澱粉、糊精 其他		0	複雜地結合數十個至數萬個單醣	

當然，小麥本身也含有酵素力，攪拌完成時麵團本身也會增加若干糖量。但與可期待酵素作用的麥芽同時併用，更能夠確實補足發酵時必須的醣類。

3）關於酵素

另一個理解麥芽糖漿作用時必要的相關知識是「酵素」。酵素也是以多采多姿的樣態存在，在此僅簡潔地針對麥芽相關的酵素要點作以下的記述。

至前項為止，都在敍述麥芽糖漿所含的酵素力，將澱粉分解成醣質。具有如此作用的酵素被稱為「澱粉酶amylase」。澱粉酶（amylase）在自然界裡是一般酵素。例如也存在於我們的唾液中，吃飯時緩慢咀嚼後感覺到的甜味，可以說就是因為這酵素將米飯中所含的澱粉分解成醣質而來。

澱粉酶（amylase）依其作用方法，而有各式各樣的種類，本書當中說明有關於麵包的 α-澱粉液化酶（α-amylase）和 β-澱粉糖化酶（β-amylase）。

【圖1】當中，表示2種澱粉酶對於澱粉會產生何種作用。

α-澱粉液化酶（α-amylase），可以截斷由澱粉構成的糖鎖結構，生成很多糊精（dextrin）。因為糊精（dextrin）是液態流動狀態，所以 α-澱粉液化酶（α-amylase）的力量過強時，麵團會變得過度鬆弛和沾黏。

β-澱粉糖化酶（β-amylase），會截斷由澱粉構成的每2個糖鎖結構（也就是麥芽糖）。只是這個作用在遇到糖鎖結構分枝時就會停止。也就是說，因 β-澱粉糖化酶（β-amylase）的作用，可以將澱粉分解成少量的麥芽糖，和大分子量的糊精（dextrin）。

那麼，如果麵團中的 α-澱粉液化酶（α-amylase）和 β-澱粉糖化酶（β-amylase），雙方能有均勻良好的平衡時，又會如何呢。結論是會生成豐富的麥芽糖和適量的糊精（dextrin）。因此酵母得以充分利用麥芽糖，也能促進發酵。此外，因糊精（dextrin）的效果而使麵團滑順，也能提升烘烤完成麵包的保水性。

順道一提，一般麵粉中所含的 α-澱粉液化酶（α-amylase）極微量。相對地麥芽當中有非常豐富的 α-澱粉液化酶（α-amylase）。另一方面，小麥適量地含有 β-澱粉糖化酶（β-amylase）。也就是預備麵團作業時，藉由併用麥芽，得以將麵團中的 α-澱粉液化酶（α-amylase）和 β-澱粉糖化酶（β-amylase）整合到最適切的平衡狀態。

4. 麥芽糖漿的處理方式

1) 正確的使用方法

　　麥芽糖漿放入冷藏後會變硬，放置於室溫下又會沾黏而難以處理。爲使能巧妙地利用麥芽具有的功用，正確地量測十分重要。

　　比較方便的方法是，預先將麥芽糖漿溶於等量的溫水中，製作出2倍稀釋液備用（本書當中介紹的皆爲此法）。黏度稀薄時較容易量測。但此時就必須放入冷藏保存，並於2日內使用完畢。

原液(左側)和2倍稀釋液(右)

2) 保存管理的方法

　　市售的麥芽糖漿，都各有商品食用期限的設定（euromalt品牌是開封後18個月）。但很重要的是，即使爲未開封的狀態，保管時也請避開高溫潮濕或具溫度變化之處。即使仍在食用期限內，保管環境不佳時，也可能會使麥芽糖漿中所含的糖類和可溶性蛋白產生反應，而造成色調的深濃，顯著降低酵素作用力。

　　此外，因爲麥芽糖漿是糖度高（Brix 80%）、酸性（pH4.5～5.0），是自體微生物難以繁殖的環境。雖然如此，表面若是沾到水滴等，該部分對黴菌或細菌而言就是絕佳的繁殖場所了。因此，在量測時，必須注意保存容器內不可以掉落麵粉等，必須保持清潔，同時開封後必須再蓋好鎖緊，並保存於溫度變化小的陰暗處。

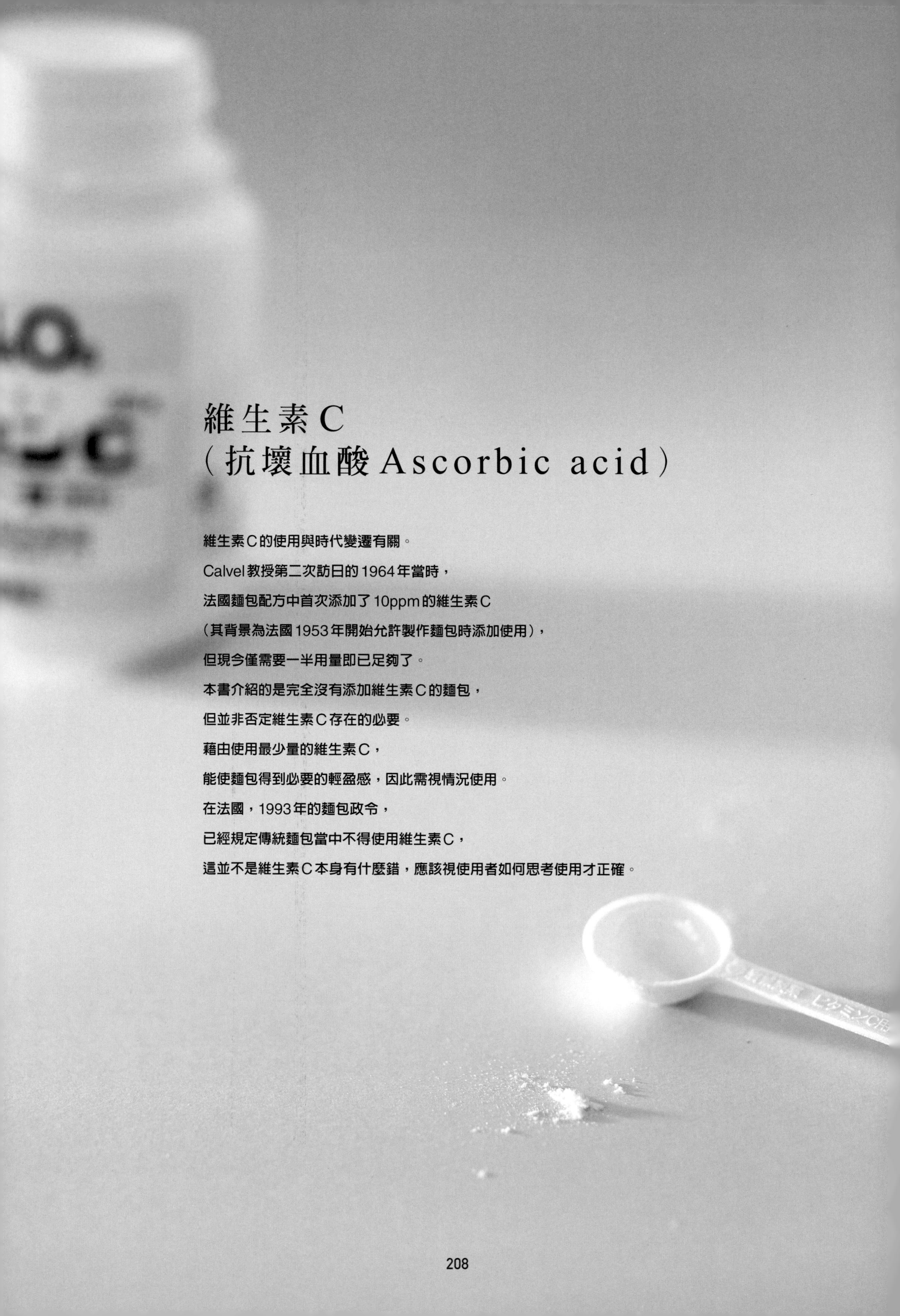

維生素 C
（抗壞血酸 Ascorbic acid）

維生素 C 的使用與時代變遷有關。

Calvel 教授第二次訪日的 1964 年當時，

法國麵包配方中首次添加了 10ppm 的維生素 C

（其背景為法國 1953 年開始允許製作麵包時添加使用），

但現今僅需要一半用量即已足夠了。

本書介紹的是完全沒有添加維生素 C 的麵包，

但並非否定維生素 C 存在的必要。

藉由使用最少量的維生素 C，

能使麵包得到必要的輕盈感，因此需視情況使用。

在法國，1993 年的麵包政令，

已經規定傳統麵包當中不得使用維生素 C，

這並不是維生素 C 本身有什麼錯，應該視使用者如何思考使用才正確。

維生素C能提升麵團的強韌性和力道

　　1970年當時，法國麵包是使用預備發酵酵母Yeast的，因爲LYS D'OR當時的麵筋力道不足，所以維生素C的使用量爲8～10ppm。現在使用Saf的Instant Dry Yeast即溶乾燥酵母（紅），不需添加維生素C，即使使用預備發酵Dry yeast乾燥酵母時，也僅需過去的半量（5ppm左右）即已足夠了。

　　維生素C不會殘留在烘烤完成的麵包當中。就像營養補充品也販售著維生素C一樣的程度，其實維生素C本身是無罪的，但法國使用維生素C是大量的，製作無發酵的長棍麵包時，維生素C給人不可或缺的印象，因而變成傳統麵包中不可使用的副材料。

　　維生素C使用過度時，會成爲膨脹體積過大的麵包，但只要使用方法（量）無誤，可以保持麵包的輕盈（也與容易入口食用有關），DONQ以維生素C適量爲使用之前提。

■ 維生素C溶液的製作方法
◎ 日本藥局的維生素C原料粉末（要特別注意也有添加維生素C以外的產品）1公克（→以最小刻度爲0.1公克的量秤測量）
◎ 放入約100公克的水中溶化。（要冷藏：可保存數日）
此溶液在烘焙比例中使用0.1%時，就是10ppm。例如使用6ppm時，維生素C的原料粉末以0.6公克來量測，放入約100公克的水中溶化，在烘焙比例上使用0.1%即可。
檸檬汁也具氧化劑的效果，但即使想以擠出的果汁量來控制麵團的強度，每次都難以得到相同的結果。

法國麵包與油脂，不可跨越之鴻溝

1969年作為「法國麵包製作方法的重點」，當時指導多位技術者的日本麵包製作權威，曾記述以下的內容。

最近，急遽地硬麵包類、特別是法國風格的麵包(以長棍麵包為主)有了很好的銷售是事實，而且不僅在都市，連地方上的小鎮或農村都受到影響。在這樣的風潮之下，有以下3點的期望。

1）使用正確製作方法的優良製品

各種製作方法與製品都有其個別的特性是好事，但與之共存地也不可以忘記思索適合日本人的硬麵包。

2）依適當的重量獲取適切的利潤為原則

正如現在可見的部分商品，必須深思用極端輕的麵包重量試圖謀取高利潤的作法，是缺乏永續性的。

3）致力於新鮮販售

硬麵包，相對於一般麵包，老化得更快也會降低其本來的香氣及口感。駐店麵包屋自不在話下，麵包坊也必須新鮮地販售，應該要有店內烤箱才是。

此外，在主原料解說之後，還建議可以使用1%的油脂(豬脂或酥油)，並視為「其次的原料若是能與適當的作法相容時，也是可以使用無礙的」。亦即是法國麵包老化較快所以添加油脂以防止麵包變硬，這就是非常日本式的思維了。但在法國，絕不會因為麵包變硬而添加油脂或砂糖。

在法國，添加了油脂或砂糖的，就不能標示為法國的麵包了。添加了油脂和砂糖就成了「EU的麵包」。在整個EU訂定麵包基準時，因其他國家過去有添加油脂和砂糖的歷史，因此各國都允許添加量最多至5%，但僅有法國，從過去就無添加，因此決議了與EU基準不同，法國的麵包基準。

Calvel教授在1988年苦言相勸地給日本麵包業界一段話：「添加油脂或砂糖是日本人擅自所為，但添加後的麵包請不要冠以法國麵包之名」。

即使為了讓麵包柔軟而添加油脂，造成風味不佳，不更是四不像嗎。

忘卻了用簡單配方製作美味麵包的技術，而僅想著添加副材料做出高級配方的思維方式，不是差不多就該退出這個行業了嗎？

以法國人來看，法國麵包配方添加油脂和砂糖是不可跨越之鴻溝。

工序

製作出 Bon Pain 好麵包的疑問與解答

製作出Bon Pain好麵包的疑問與解答

烘烤狀況不理想的麵包,探察原因時儘可能減少不確定因素,就能更有效更方便的找到問題點。這就意味著在原料量測時,麵粉、水必須要用單位至少是2公克的電子秤來量測,但不能用相同的量秤來量測酵母Yeast。

量測酵母Yeast時必須預備最小單位0.1公克的電子秤。若使用維生素C溶液或改良劑時,可以使用與酵母Yeast相同的量秤。

少許用量的差異,對於麵團製作及發酵上產生很大影響的原料或添加物,若沒有正確地量測,後續探察原因就會無法掌握。

但是全部要以相同的精確度來量測,就會浪費掉非常多的時間,所以可以考量並加以區隔必須要求精確的部分,及可以微微粗略的部分。

每天都像是要參加大賽般地仔細作業,無法長久持續。

發酵

攪拌   壓平排氣

[攪拌]

工序中所記述的攪拌時間,再怎麼說都僅能作為參考標準。因為攪拌機的機型(螺旋型或直立型)不同也會有所差異,即使相同的攪拌機在攪拌麵團時也會有微妙的變化。以富士川為界,東側電源週波數為50、西側為60,所以攪拌機的轉速差異會達到2成,因此認為攪拌時間是全國相同的想法,本身就是無意義的,但基本上在相同的攪拌時間內,不會烘烤出極端不同的麵包。

無論如何,都能烘烤出麵包。問題是烘烤出來的是否是好麵包(Bon Pain)而已。想要追求製作好麵包(Bon Pain),首先必須試著完全依照食譜配方來製作,才能以此為起點地改變攪拌時間等,以追求自己心目中的麵團。

[發酵 壓平排氣]

雖然麵包的製作工序一言以蔽之,但想要烘烤成什麼樣的麵包、或是為了想要達到理想中的麵包而回溯推算想像,預備材料、發酵、壓平排氣的每道工序。利用攪拌製作力道較弱的麵團時,就必須在工序過程中讓麵團「使勁」,所以用較深的容器使其發酵,較晚進行壓平排氣以增加其力道。但在DONQ,因為採取Calvel教授所教授「恰到好處的攪拌」,所以可能在其他人眼中,會覺得是「要這麼轉動(攪拌)嗎…」的麵團,所以使用的是像薄型搬運箱形狀的發酵箱,壓平排氣工序也為避免麵團力道過強,而不會延遲進行。

在這樣的工序之下,特別是考量到彈性及延展性,會調整發酵室溫、發酵箱的形狀及壓平排氣的時間。

發酵室的溫度為法國麵包麵團專用時,可設為27℃左右,濕度設定為OFF也沒有關係。麵團溫度高時會容易乾燥,只要麵團溫度不高就不會過於乾燥。壓平排氣則是邊拉開麵團邊折疊。

[分割‧滾圓 整型]

將麵團由發酵箱取出至工作檯上，將發酵時朝上的表面接觸貼合工作檯。接著將分割後的麵團放於量秤上量測，之後排放在工作檯時，將其翻面使發酵時朝上的表面再次朝上，以此為表面進行滾圓。

使用桿秤時，當麵團放置於盛皿，根據秤桿的上升方向判斷麵團的過與不足，過多時要削切，過少時要補足，但這樣的工序必須要熟練以避免過度重覆操作。重覆次數過多會損及麵團。

切下來的麵團可以補入下一個分切的麵團中。

滾圓時，雖然可以拍打掉浮在表面的氣泡，但也僅利用手腕的力量輕輕拍打，而不可以壓扁麵團。輕輕拍打表面，可能有人誤以為會「破壞麵團…」，但這並不是破壞。無論是滾圓或是整型，可能還是有人覺得「不排出氣體」的就是法國麵包，但並非不排出氣體就能有良好的內相。麵包的良好內相是藉由時間、彈性、延展性的平衡而產生的，不是未排出的氣體。

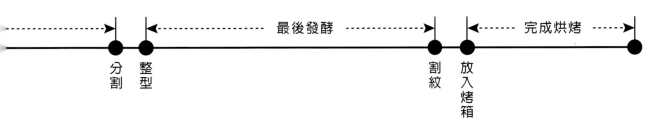

分割　整型　　　最後發酵　　　割紋　放入烤箱　　完成烘烤

[割紋‧完成烘烤]

像巴黎般一天烘烤售出1000根以上長棍麵包的店家，無法像日本麵包師般，宛如劃切藝術品地劃切割紋。

割紋也是「快速、美麗地vite et bien」。

1834年在巴黎名為Vaury的麵包師曾在他所寫的技術書中提到，從割紋的技法以至發展到目前的長棍麵包般的割紋，因為有這些割紋讓長棍麵包變得更美麗。並且劃切割紋可以使得體積更為膨脹，讓熱氣得以確實進入麵團中央的柔軟內側，使麵包呈現輕盈的口感。因此，麵團頂端至底端都能劃切到割紋，是非常重要的。

完成烘烤時，單就烘烤色澤而言，會反映出個人差異及地域不同，所以不能一以蔽之，但試著依照食譜配方製作，並考量依自己喜愛的烤色出爐時的表層外皮是否過厚、口感狀態等，日後再依照自己喜好來調整決定溫度及時間。

力道較弱或較為柔軟的麵團，必須設定使用較高溫的烤箱，但在放入麵團前才提高設定溫度是沒有意義的。必須能確保該溫度的維持（特別是下火）。

麵包烘烤狀態的確認，並不能只以表面的烘烤色澤來判斷，還必須敲扣底部確認聲音是否清徹。聲音清晰澄徹的麵包必定美味。麵團中水分散發不足時就會出現鈍重的聲音。

由烤箱取出的麵包直接放置在烤盤上並不好。因為從烤箱中取出後，水分仍持續蒸發，所以為使水分能順利地散出，應排放在網架上。待其放涼時表層外皮會發出PichiPichi的聲音並產生裂紋，在法國這種狀態就以「歡唱chanter」來表現。若是聽到長棍麵包的歡唱就是好麵包（Bon Pain）的預告。

發酵

麵包的風味取決於發酵時間的長短。法國麵包並不是在酵母 Yeast 容易活動的溫度下發酵的麵包。麵團溫度、發酵室溫度都低，放入烤箱時的麵團溫度也沒有提高的必要。

直 接 法

標準品　　　　　　　　　未熟成　　　　　　　　　過度熟成
　　　　　　　　　　20℃的發酵室3小時　　　　35℃的發酵室3小時

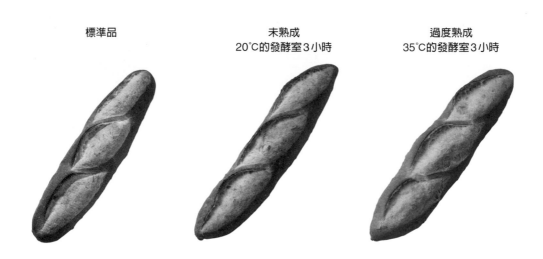

比較20℃的發酵室溫，和35℃的發酵室溫下，「未熟成」麵團和「過度熟成」的麵團。當然無論哪一種都烘烤成了麵包，但「未熟成」的體積較小、柔軟內側綿軟口感不佳、立刻出現烘烤色澤、香氣淡薄。過度熟成時，體積過大、表層外皮的香氣淡薄、烘烤色澤也較淡。

液 種 法

標準品　　　　　　　　　未熟成　　　　　　　　　過度熟成
室溫3小時後5℃一晚　　室溫30分鐘後5℃一晚　　室溫6小時後5℃一晚

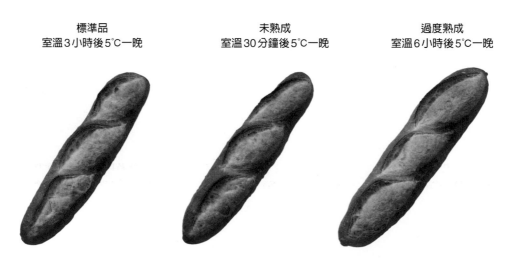

比較液種法（粉類30%、Instant Yeast 即溶酵母0.1%、水30%）的「未熟成」麵團和「過度熟成」麵團。液種法的未熟成麵團，製作的麵包風味不足。液種法過度熟成時，發酵種完全Drop（種的表面完全沈陷），麵包體積過大、風味也較預期淡薄。

最後發酵

整型時加諸於麵團的加工硬化，由最後發酵來使其鬆弛。若麵團十分緊縮時，最後發酵的時間就要拉長，若是鬆散地整型時，最後發酵的時間就可以縮短。

| 最後發酵不足（30分鐘） | 最後發酵過長（140分鐘）割紋劃切略淺時 | 最後發酵過長（140分鐘）割紋劃切略深時 |

當整型的「加工硬化」壓力狀態並未解除成「結構鬆弛」，就放入烤箱烘烤，割紋面會呈暴裂狀。

當烤箱還未清空致使最後發酵時間過長，麵團的力道也會隨之減弱，因此割紋切割得較淺。

最後發酵過長的麵團，當割紋劃切得較深時，割紋僅會略為延展而已，並不會有割紋立起的形狀。

割紋的劃切方法

割紋，若是想在滑送帶（slip peel）的麵團正中央上方劃切割紋時，必須與中心線交叉地由左上朝右下方向插入刀刃。下一道割紋必須與前一道割紋重疊約全長1/3～1/4的長度，由左上朝右下方向插入刀刃。

第3道割紋也是同樣的方式，若是長度由左端至右端都能劃切到，麵包就能得到良好的延展。割紋面的橫向面積會因而增大（並不是強行使麵包體積膨脹）。

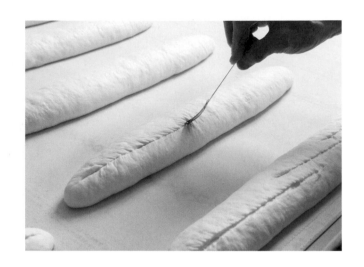

割 紋 長 度 的 均 衡	割 紋 深 度 的 均 衡

只有中央割紋較長　　下方割紋較長　　　　割紋較淺　　　　割紋較深

巴塔麵包（Bâtard）的3道割紋當中，中央割紋特別長時，雖然也別有魄力，但現在都以3道割紋均等的方式劃切。

雖然割紋的深淺不能一概而論，與最後發酵的取出方式有關，但相較於適切的最後發酵，割紋較深時，麵包割紋立起的表層外皮會過厚。

在此就 3 道割紋的巴塔麵包（Bâtard）進行說明。其實割紋數量在法國也並未規定，但 DONQ 的巴塔麵包（Bâtard）割紋數一直都是 3 道。

但在法國的舊照片中，可以看到有 4 道割紋的巴塔麵包（Bâtard）。同樣地長棍麵包（Baguette），在 1968 年 DONQ 的簡介頁上，可以看到有 9 道割紋的，現在有部分原因是因為麵包變短了，所以割紋是 7 道。

割紋與割紋之間（帶狀）的寬度	割紋的重疊

帶狀寬度狹窄　　　　　帶狀寬度廣闊　　　　　割紋的重疊太短　　　　　割紋的重疊太長

割紋與割紋間重疊部分的帶狀寬度，過於狹窄時會有切開之虞（照片上是沒有切開的），過於廣闊時又顯得太粗礦。

割紋的重疊過短時，兩者間的帶狀會因而截斷。重疊太長也不漂亮。

Calvel教授在1952年的著作當中，曾提及法國麵包割紋的數量，300公克的長棍麵包（Baguette）（長70～80公分）是8～10道割紋，同樣的巴塔麵包（Bâtard）是4～5道割紋。之後長棍麵包（Baguette）也由300公克變成250公克，長度與割紋數也隨之改變。在日本不知道是哪位提出「在法國，法國麵包的麵團重量與割紋數有其規定」的說法，進而成為約定俗成的狀況，但這其實並非事實也無根據。

| 側面劃切 | 垂直劃切 | 階梯狀劃切 |

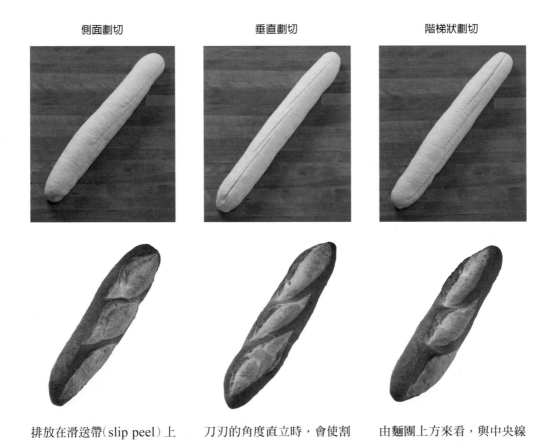

排放在滑送帶（slip peel）上的麵團，在劃切割紋時，距離較遠的麵團無論怎麼努力，都只有橫側（側面）劃切是最容易進行的。

刀刃的角度直立時，會使割紋的邊緣無法立起，而只會朝兩側推展（照片中最下方的割紋）。

由麵團上方來看，與中央線交叉般地不切開而以水平劃切，下一道也同樣是水平地劃切，就會形成階梯般的割紋。麵包烘烤後再看，就會發現麵包像是扭曲般並不漂亮。

蒸氣（Steam）

放入蒸氣烘烤麵包，在法國是從1840年左右開始，因此使得麵包格外美麗。

標準品	蒸氣過多	無蒸氣

蒸氣過多時，割紋會閉合無法展開（如照片正中央的割紋）因此無法膨脹。外觀異常大，但麵團中的水分散出不足。另一方面，沒有蒸氣時，烤箱內的延展受到抑制，沒有蒸氣延展，所以割紋面呈暴裂狀。外觀看起來也不細緻。

一旦有漂亮割紋，麵包就美味嗎？

實地演練法國麵包時，參加學員們的興趣都集中在整型及放入烤箱前的割紋劃切工序。或許是教科書上已經寫了攪拌時間的原故，僅數名學員來觀看。但整型長棍麵包（Baguette）、巴塔麵包（Bâtard）時，來看的學員人潮洶湧。而之前的分割滾圓、中間發酵完成，至由薄型搬運箱取出至工作檯的狀態，似乎完全沒有興趣。

麵包麵團，其實是完全連續的工序，他們卻覺得僅一部分即可。結果，就是放入烤箱前的割紋工序時最認眞觀看，如此而造就出「割紋最重要」的麵包師。

割紋漂亮的麵包，眞的就可以說是美味的麵包嗎？

想要劃切出漂亮的割紋，要先製作出可以漂亮立起割紋的麵團。但這樣的麵團，以麵包而言卻是風味平凡，無法成爲「格外好吃」的麵包。話雖如此，追求風味地製作麵團時，割紋就很難漂亮地立起，只能成爲「割紋不明顯」的麵包。

無論是整型的技術或劃切割紋的技術，僅強調這一點，反而容易變成本末倒置了。

長棍麵包（Baguette）的相關圖 ～美味，要由哪追求呢～

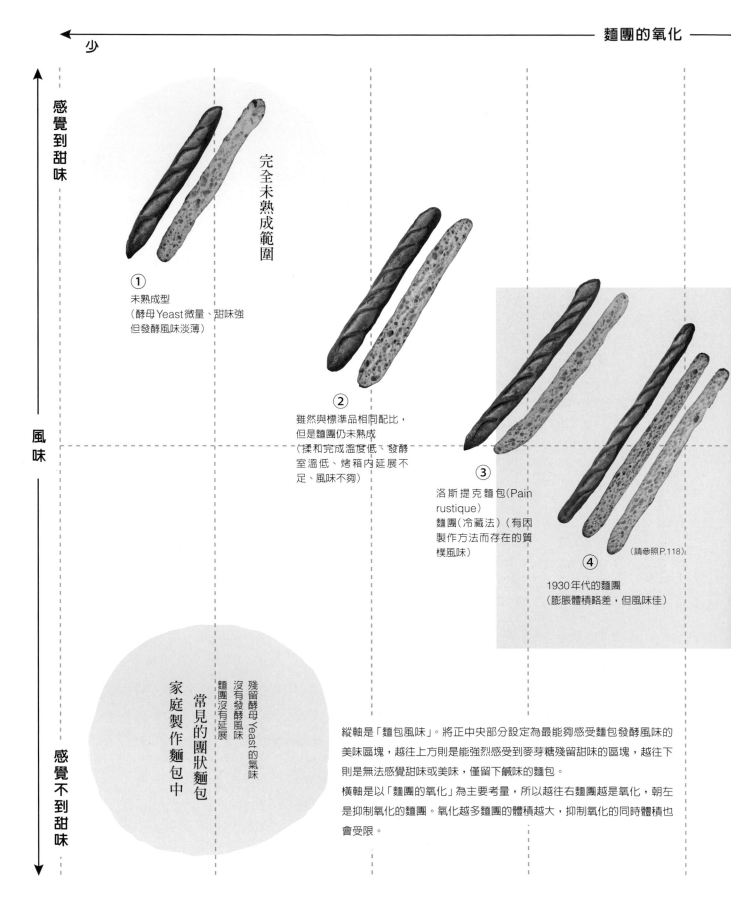

麵團的氧化

少

感覺到甜味

完全未熟成範圍

① 未熟成型
（酵母Yeast微量、甜味強但發酵風味淡薄）

② 雖然與標準品相同配比，但是麵團仍未熟成
（揉和完成溫度低、發酵室溫低、烤箱內延展不足、風味不夠）

③ 洛斯提克麵包(Pain rustique)
麵團(冷藏法)（有因製作方法而存在的質樸風味）

④ 1930年代的麵團
（膨脹體積略差，但風味佳）

（請參照P.118）

風味

感覺不到甜味

殘留酵母Yeast的氣味
沒有發酵風味
麵團沒有延展
常見的團狀麵包
家庭製作麵包中

縱軸是「麵包風味」。將正中央部分設定為最能夠感受麵包發酵風味的美味區塊，越往上方則是能強烈感受到麥芽糖殘留甜味的區塊，越往下則是無法感覺甜味或美味，僅留下鹹味的麵包。
橫軸是以「麵團的氧化」為主要考量，所以越往右麵團越是氧化，朝左是抑制氧化的麵團。氧化越多麵團的體積越大，抑制氧化的同時體積也會受限。

長棍麵包（Baguette）的製作方法，雖然在日本一直是以3小時直接法為標準，但最近百花齊放，若說每個師傅都有自己的製作方法都不為過。

在此試著製作出僅以直接法（含冷藏）的長棍麵包（Baguette）相關圖表。當然並非學術性的報告，也並非僅以此座標軸就能完成所有的評價，所以請大家作為茶餘飯後的參考吧。

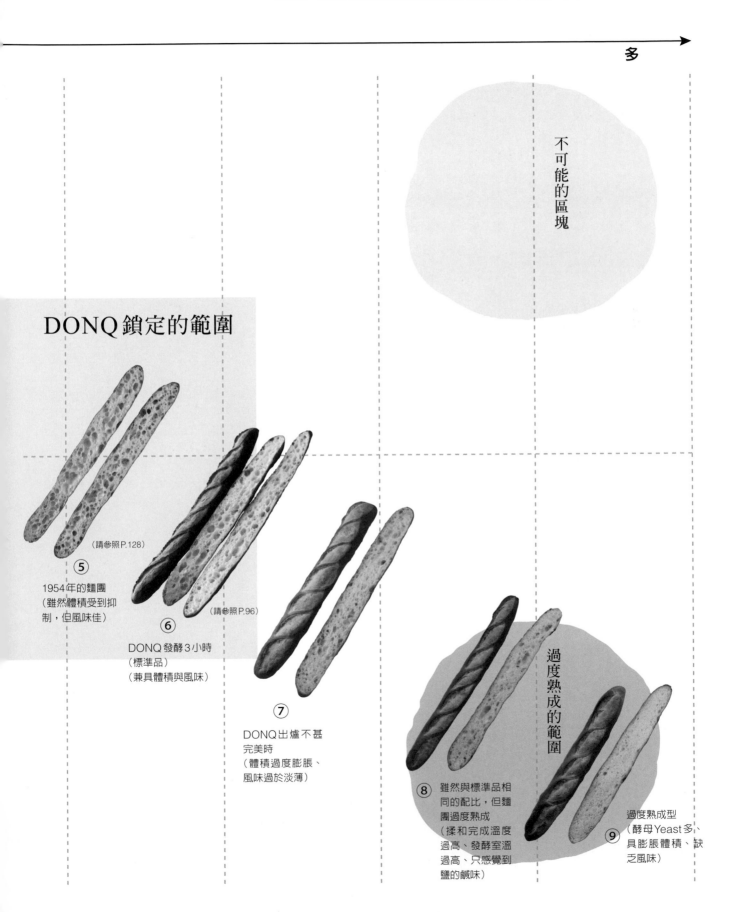

多

不可能的區塊

DONQ鎖定的範圍

（請參照P.128）

⑤
1954年的麵團
（雖然體積受到抑制，但風味佳）

⑥
DONQ發酵3小時
（標準品）
（兼具體積與風味）

（請參照P.96）

⑦
DONQ出爐不甚完美時
（體積過度膨脹、風味過於淡薄）

過度熟成的範圍

⑧ 雖然與標準品相同的配比，但麵團過度熟成
（揉和完成溫度過高、發酵室溫過高、只感覺到鹽的鹹味）

過度熟成型
（酵母Yeast多、具膨脹體積、缺乏風味）

⑨

Bon Pain 的探尋方法（以直接法長棍麵包Baguette爲主）

1) 進化自己的長棍麵包（Baguette）

前頁圖表中雖然將各式長棍麵包（Baguette）劃入各區塊範圍中，大致上都能將其歸納在從左上至右下內。其中家庭製作的麵包，大多是以「簡單」爲賣點，而加入大量酵母Yeast、短時間烘焙而成，還有爲了消除酵母Yeast氣味而加入牛奶的配方，這些麵包應該都歸於左下方的範圍。

右上的區塊，過度熟成且感覺甜味，是不可能出現的，所以並沒有相當於該區塊範圍的麵包。

麵包的「美味、難吃」，雖然因個人喜好會有相當的差異，但若沒有嚐過「美味的麵包」，就沒有能夠比較的基礎，或許光看這個表格仍無法立即有概念。

我曾經吃過金林達郎先生烘烤的絕品HOPS吐司，也吃過明石克彥先生烘烤的絕品裸麥麵包（Pain au Seigle）。只要吃過一次絕品，就可以將其視爲基準地比較相同種類的麵包了。

如果找到自己沈迷於其中的美味長棍麵包（Baguette），那麼這張圖表是否能更加進化呢，希望大家能從這張圖表中得到尋找美味的啓發。

麵團的氧化，如果過度就會像麩一樣的味道（發酵時產生的風味會流失，麵包體積過大而變輕，成了大而無當的麵包）。

反之，爲抑制麵團的氧化而將酵母Yeast用量減至最低時，即使產生氣體也有可能會有發酵風味不足、麵包在烤箱內無法延展而顯得沈重。

長棍麵包（Baguette）所擁有的必要輕盈（體積不過度膨脹、也沒有不足）、食用時的必要輕盈（是否可以持續食用），該鎖定這個圖表的哪個地方才好呢。只執著於外觀（割紋狀況）的麵包師是走偏峰了（話雖如此，但完全沒有割紋的麵包也無法享用）。

麵包是吃的食物。無論如何都是要食用的，如果美味不是更令人愉悅嗎。

影響麵團氧化的項目

抑制氧化		促進氧化
少	酵母 Yeast	多
少	氧化劑‧改良劑	多
多	鹽	少
短	攪拌	長
從最初開始	添加鹽的時間點	後鹽法
低	揉和完成的時間	高
短	發酵時間	長
低	發酵室溫度	高
間隔短、弱	壓平排氣	間隔長、強
弱	滾圓	強
鬆弛	整型	緊縮
小	（結果就是麵包的膨脹體積）	大

註）氧化，雖然一般必須考量熟成程度及其平衡地來進行發酵，但在此是以氧化為主要考量。

2）試著分析長棍麵包（Baguette）的成分

為了 P.220、221 測試製品的各種成分，由專門機構實測結果，相較於 DONQ 的標準長棍麵包（Baguette）製品①（微量酵母 Yeast、長時間發酵型）是葡萄糖（glucose）4倍、麥芽糖（maltose）2倍以上的數值，因促進了糖化所以食用時會感覺到強烈的甜味（因麥芽較多所以也含有來自麥芽的麥芽糖的味道）。

反之，製品⑨是追求體積型（酵母 Yeast 多、過度熟成型），葡萄糖（glucose）1/3、麥芽糖（maltose）1/2 的數值，無法感覺到甜味，口中僅留下鹹味。

此外，試著比較酸的部分，相較於 DONQ 的標準長棍麵包（Baguette）製品①的乳酸在 1/2 以下、醋酸略少、琥珀酸在 1/2 以下，相對於此數值，製品⑧的乳酸為數 10 倍、醋酸 2 倍以上、琥珀酸 4 倍以上。製品⑧雖是以添加少量發酵麵團製作的測試品，但實際上食用時，也能略微感覺到酸味，這樣的結果可以由此數據而印證。

以前曾經有過在針對消費者的研討會中，製作 DONQ 的長棍麵包（Baguette）和另一種用來比較的無發酵（發酵時間零）的長棍麵包（Baguette），兩方皆試吃後，無發酵的只感覺到鹹味（沒有發酵風味）的長棍麵包（Baguette）被認為是「從小吃慣的法國麵包的味道，所以很好吃」，讓我因而感到沮喪。

接受 Calvel 教授指導的 DONQ，不是以僅能吃出鹹味的長棍麵包（Baguette），而是以同時能品嚐到發酵風味的長棍麵包（Baguette）為基本。

好麵包（Bon Pain）、加上少許奶油或起司（fromage），
搭上一杯葡萄酒，
法國人就有了足以撼動山河之力。

Épilogue 結語

本書的標題是「邁向Bon Pain之道」，是編輯幫忙想出來的。對喜歡騎自行車的我而言，前有道即可行，所以個人也非常喜歡這個標題。

但至目前一路行來，我的Bon Pain（好麵包）之道，非常遙遠漫長。在我進入麵包的世界時，對於前往Calvel教授總是掛在嘴上Bon Pain的途徑，實在完全無法理解，即使是有心想要致力研讀，卻是連Bon Pain之道的「地圖」都沒有。不，或許關於法國麵包，有Calvel教授著作的書籍可以作為地圖也說不定，但要獲得閱讀及理解能力，卻是要花好幾十年也不見得能充分具備。

Calvel教授的文章除了困難之外，法國麵包的專業用語被翻成不適切的日文等，反而更加深了迷惑。

包含了自己的苦難，在此希望本書能成為大家閱讀Calvel教授著作時的解說。

探索Bon Pain好麵包之道的過程，也會遇到大山橫阻。該向右還是該往左呢，或是前方道路未明之際，是否該朝隘口而行呢⋯。在山裡用地圖確認自己的位置，使用羅盤探索前進的方向。

道路，是使未知通往已知之境。已知是受惠於過去的歷史而來，也是探索未知的力量。

現在是手邊只要有機器，就能簡單指出自己所在位置的時代。但自己的麵包，目前在麵包座標軸線的何處，接下來要以何為目標，都必須要由自己親自探討找尋。

希望大家都能找到邁向最適切Bon Pain之道。

本書承蒙多方的協助終能付梓。在我進入麵包世界後，影響我的各位導師無法盡數。對於一路行來的各位，在此致上我最深的感謝。

此外，協助並包容我拙劣原稿，將其構築成冊的夥伴松成容子女士，和接受我任性要求協助麵包照片的山本明義攝影師，及其助手鈴木友樹先生，也容我在此表達感謝之意。

仁瓶利夫

225

法國麵包相關語詞解說

améliorant

麵團改良劑。冠以法國傳統麵包之名者不得使用。

apprêt

指最後發酵（時間）。

自我分解 ［ autolyse ］

數分鐘的攪拌後，至少讓麵團靜置10分鐘以上。在DONQ，從1974年接受Calvel教授的指導以來，法國麵包的預備麵團都採用自我分解法。

測量重量 ［ 看貫 ］

過去分割麵團日文稱為看貫，切分時量測的秤稱為看貫秤。広辞苑中記述為「量測物品重量，決定斤兩」。

coupe de lame

Lame是為刃。在放入烤箱前的麵團上劃切割紋，使其中的氣體壓力得以逸散，並使麵團能輕易且順利延展，讓麵包的外觀更加優美。1834年Vaury著作中關於割紋技法，是法國最初的記述，當時的割紋並非長棍麵包（Baguette）的割紋（coupe parisienne＝巴黎的割紋），而是亂刺割法（scarification）。同義語的亂刺割法scarification，指的是巴黎的割紋以外的其他割紋方法（十字、臘腸狀的Saucisson、圓點polka）。

裂紋 ［ grigne ］

原是指Pain fendu正中央的裂口部分，比擬作雙唇間可見雪白牙齒般因而稱之為grigne，但現在不止用於fendu的裂紋部分，連劃切割紋後呈現出的表皮部分都包含在內。

表層外皮 ［ croûte ］

麵包的表皮。英文的crust。

公定價格

在法國，自古以來為政者最重要的課題就是使人民都能有麵包吃，所以並不認可麵包坊的自由經營，所以最便宜的「日常麵包」由公定價格決定。在法文當中taxe du pain是「麵包的公定價格」，taxation du pain是麵包價格管制，但在日本有很多翻譯本當中被誤譯為「麵包的課稅」，需要注意。

Compagnon

直譯就是夥伴的意思。語源是拉丁語的companionem（コンパニオネム），「共同分享麵包」而成為伙伴的意思，但也用於compagnonnage同業工會的「專業人員」。

● **斯佩耳特小麥** ［ spelt wheat ］

在法國稱為épeautre、德國是dinkel、義大利是farro。古代小麥之一。

● cervoise

高盧人（Gaule）製作的大麥啤酒。成為Saccharomyces Cerevisiae的語源。

● saucisson

斜向平行地劃入數道割紋，烘烤完成的麵包斷面幾近圓形，所以被稱為臘腸狀saucisson的割紋。

● **直接法** ［ direct ］（**全名是直接製作法**travail en direct）

不放入預先使其發酵好的麵團等，而是將全部材料放入攪拌機內使其發酵的製作方法。在巴黎，1920年左右開始推廣，在此之前是液種法。

● **內相的氣泡** ［ alvéolage ］

在法國，小而均勻的氣泡內相稱為「Pain de mie」狀、「mousse」狀或「Nid d'abeille」狀（蜂巢狀）。在日本，可見到蜂巢狀內相是讚美時的用語，但在法國卻是用在不良狀況的形容。

「內層」使用在是像可頌般千層麵團的麵包，而「內相」使用於一般麵包。

● façonnage

整型。

● bassiner

原是用於麵團過硬時添加水分的意思，但現在是指在攪拌最終階段添加水的部分。bassinage是名詞。

過去專業麵包師揉和時，混合粉類和水的階段（frasage）若是麵團太硬則添加水，裝水容器bassin（底部平坦金屬製的桶），就是語源。

bassiner（動詞）在1778年的書中也曾出現。

因最近pain de tradition française的流行，專業麵包師在攪拌的最後會添加水，但Calvel教授也表示不需高於必須吸水量以上。在法國，麵包自古以來是維繫生命的食物，所以高吸水麵團，麵粉所占的比例會變低，營養價值、卡路里會變低而不受喜愛。

● pâton

分割後的麵團。分割前為pâte。

● 發酵麵團〔pâte fermentée〕

預先發酵好的麵團。

Calvel教授在1980年時發表了發酵麵團(pâte fermentée)法，因擔憂法國的麵包以短時間製作的現狀，至少能以添加發酵麵團(pâte fermentée)來提升品質，所以有此提案。在麵團中添加了食鹽，所以不會出現中種吐司等特有的中種味道。

● pâte bâtard

不過硬、不過軟，硬度恰到好處的麵團。法國的麵包製作書上，寫著除了pâte bâtard之外，柔軟麵團是pâte douce、硬麵團是pâte ferme這3種。

● 發酵成型籃(banneton)

藤製靜置籃。將麵團放入後進行最後發酵。有圓形、王冠形、長形等。

● 鄉村麵包〔pain de campagne〕

pain de campagne之名，始於1950年代的法國，正式文書上的記錄在1977年。

雖然有pain de campagne的定義，但大家都無視於此。中世紀開始，都市及地方的麵包不足時，鄉鎮外的農家(也有半職業麵包師)會到鄉鎮的市集來出售麵包，就是這樣的印象。被稱為鄉鎮外「露天麵包坊」的這些人，相較於鄉鎮的麵包坊，只要支付市集日的運費及場地費即可，所以可以用較便宜的價格販售，而購買者也是低所得族群。

到了18～19世紀，隨著鄉鎮的麵包坊增加、供應也逐漸上了軌道，鄉鎮外的麵包熱潮漸退。到了二次世界大戰後，隨著生活穩定，消費者又開始對新麵包產生了期待。也或許是對於1950年代中期之後，長棍麵包(Baguette)品質低落而產生的反動，大老遠從布列塔尼(Bretagne)、奧弗涅(Auvergne)運來的是圓形的大麵包(Miche)，在巴黎賣得很好，麵包坊用的小麥與裸麥的混合粉也開始販售。1960年代，這樣的流行引發熱潮。當時長棍麵包(Baguette)以外的特殊麵包種類有限，因此不喜歡長棍麵包(Baguette)的人，自然就轉而食用鄉村麵包了。

● 裸麥麵包〔pain de seigle〕

pain de seigle必須含裸麥65%以上的製品。添加的裸麥在65%～10%時，稱為pain aux seigle。曾經法國全國境內都栽植裸麥。裸麥麵包因保存時日較長，所以常用於農家等鄉村製作家庭麵包，直至19世紀末裸麥麵包(pain de seigle)都還很常見。

● pain de méteil

小麥和裸麥一起播種收成的混合麥，就稱為méteil。由此而來，添加了50%裸麥的麵包就稱為pain de méteil。

● pain fendu

過去也稱為Pain à grigne。即使沒有割紋，在烤箱中也會延展整型，外觀也很美。巴黎的專業麵包師利用fendu的整型，讓我們見識到與家庭製作的圓形，完全不同的麵包製作技術。至1900年代初期，是法國的麵包主流。

● pousse contrôlée

冷藏整型過的麵團，延緩其發酵。

● 專業麵包師〔boulanger〕

麵包師(男性)。女性的麵包師為boulangère。Boulanger的語源是由製作Boule而來的，圓且大的麵包是農家的麵包，而自12世紀起，巴黎的麵包師們做出小型Boule，故由此而來。順道一提，在英國麵包師是baker，烘焙(烤)的人，可看出與法國思維不同的樂趣。在日本以職人一詞，就是粗略地概括而論了。

● boulangerie

麵包坊。麵包製造販售業。日文的ブーランジェリ也很容易被誤記為ブーランジェリー。

● fournil

有烤箱的麵包製作室。Fournier是負責烤箱的專業人員。

● pétrissage intensifié

強力攪拌法。1955年起在法國全國突然盛行起來。又稱「白麵包(Pain blanc)」製作法。

利用每分鐘80轉速的攪拌機，轉動18～22分鐘，造成麵團異常氧化，可以看出在攪拌過程中麵團變白，製作出的麵包口感像麩一樣。

● pointage

(一次)發酵時間。

● mie

麵包的中間部分。在日本和法國的發音居然相同。英文則稱之為crumb。

● 圓形大麵包(miche)

圓且大，從過去傳承至今的麵包，就稱為圓形大麵包(miche)。柔軟內側的部分較多。Poilâne的圓形大麵包很有名。

● 里弗爾（livre）

具有重量單位及貨幣單位的兩種意思，本書當中是作為重量單位。1里弗爾實際的重量，在1920年是制定為500公克，但在此之前的法國，依時代不同、地方不同其實並未規定（古代羅馬的1里弗爾是327.45公克，至中世紀末的489.50公克）。麵包以1里弗爾單位來製作，是從1419年開始，直接以麵包的重量作為麵包的名稱（例如：2里弗爾Deux-livres）。

● 酵母levure

酵母的法文。若是以法國定義來看，日本特有的啤酒花種、酒種，以培養酵母為主所以不能分類成發酵種levain而是被歸為酵母levure。

● levain de pâte

Levain de pâte的定義與時代共同演進。Calvel教授的書中，預備Pain au levain naturel麵團材料時，添加少量酵母Yeast的製作方法，在製作上一直持續著，這樣的麵包不稱為發酵種麵包Pain au Levain，而寫為Levain de pâte麵包。

但過去Levain de pâte的製作方法是不添加酵母Yeast的。Levain de pâte和Pain au Levain的不同，在於Levain de pâte中加入較多的levain tout point（完成種）。Livain chef必須有正常活性，由此開始（無論經過幾個階段），進行續種的levain tout point（完成種）之酸性發酵因尚未熟成而量多，以結果而言就是抑制了麵包的酸味，而產生膨脹體積。

過去不添加酵母Yeast的製作方法Levain de pâte，或許可以再重新檢視會更好。

● levain naturel

由粉類和水分製作，具有酵母與乳酸菌共生之發酵力的麵團。

● levain tout point

完成種。無論經過幾個階段，加入正式揉和的種都可以此稱之。

● levain liquide

liquide（液體）狀態下培養出的發酵種levain。想想說不定德式的裸麥酸種或許也可以說是levain liquide。

● levain dur

固體發酵種。DONQ有使用levain dur。

● rompre或donner un tour

壓平排氣。法國麵包中的壓平排氣並不是一般日本印象中的壓平排氣，指的是折疊工序。

此項目的參考文獻
● 「LES PAINS FRANÇAIS」由Philippe ROUSSEL、Hubert CHIRON共同著作
● 「中世紀的麵包」Francoise Desportes著
● 「金のジョッキに、銀の泡」原田恒雄著

〈参考文献　Bibliographie〉

1)　H.NURET, R.CALVEL「LES SUCCÉDANÉS EN PANIFICATION」1948 年

2)　RAYMOND CALVEL「Le pain et la panification」QUE SAIS-JE?　1964 年
　　日本語版　レーモン・カルヴェル　「パン」山本直文訳 白水社文庫クセジュ 1965 年

3)　Raymond CALVEL「LA　BOULANGERIE MODERNE」1952 年
　　日本語版　レイモン・カルヴェル「正統フランスパン全書」山本直文、清水弘熙訳　パンニュース社 1970 年

4)　レイモン・カルヴェル「フランスのパン技術詳論」清水弘熙訳　パンニュース社 1985 年
　　（フランスの原書は無し、ただし 78 頁〜 105 頁は 1980 年フランスで発表のレポートあり）

5)　Raymond CALVEL「LE GOÛT DU PAIN」1990 年
　　日本語版　レイモン・カルヴェル「パンの風味」安部薫訳　パンニュース社 1992 年

6)　Raymond CALVEL「une vie,du pain et des miettes...」1957 年
　　日本語版　レイモン・カルヴェル「生涯パンひとすじ（自伝、エッセイ、技術論文）」2005 年
　　第 1 部翻訳　木村佐代子、安部薫　第 2 部翻訳　野村二郎

7)　Phillppe ROUSSEL, Hubert CHIRON「LES PAINS FRANÇAIS Evolution, qualité, production」2002 年

8)　Emile DUFOUR「TRAITÉ PRATIQUE de PANIFICATION FRANÇAISE et PARISIENNE」1935 年

9)　Antoine Augustin Parmentier
　　「Le parfait boulanger,ou Traité complet sur la fabrication et le commerce」1778 年

10)　Marcel ARPIN「HISTORIQUE DE LA MEUNERIE ET DE LA BOULANGERIE」1948 年

11)　Jeffrey Hamelman「BREAD A Baker's Book of Techniques and Recipes」2004 年
　　日本語版　ジェフリー・ハメルマン「BREAD－パンを愛する人の製パン技術理論と本格レシピ」旭屋出版　2009 年

12)　Lionel Poilâne「Guide de l'amateur de Pain」1981 年
　　日本語版　リオネル・ポワラーヌ「ようこそ　パンの世界へ」伊東勢通訳　パンニュース社 1984 年

13)　Lionel Poilâne and Apollonia Poilâne「Le Pain par Poilâne」2005 年

14)　Philippe Viron「VIVE LA BAGUETTE」1995 年
　　日本語版　フィリップ・ヴィロン「ヴィヴ・ラ・バゲット　バゲットのすべて」
　　野村二郎、野村港二訳　パンニュース社 2000 年

15)　Steven L. Kaplan「Le retour du bon pain」2002 年
　　日本語版　スティーヴン・カプラン「パンの歴史」吉田春美訳　河出書房新社 2004 年

16)　Mouette Barboff「Pains d'hier et d'aujourd'hui」2006 年
17)　Milena Kettnerová「HISTOIRE DE LA LEVURE à Olomouc」2003 年

18)　フランソワーズ・デポルト「中世のパン」見崎恵子訳　白水Uブックス白水社 2004 年

19)　竹谷光司「新しい製パン基礎知識・再改訂版」パンニュース社 2009 年

20)　日本フランスパン友の会「Esprit de CALVEL 日本におけるレシピ変遷」2007 年

21)　松成容子「ドンクが語る　美味しいパン 100 の誕生物語」旭屋出版　2005 年

22)　塚本有紀「ビゴさんのフランスパン物語」晶文社 2000 年

23)　安部薫「仏英日料理用語辞典 TERMES DE CUISINE」安部薫事務所 2007 年

24)　山本博「フランスワイン　愉しいライバル物語」文藝春秋 2000 年

25)　山本博『岩波新書「ワインの常識」と非常識』人間の科学社 1997 年

26)　小泉武夫「発酵　ミクロの巨人たちの神秘」中公新書　中央公論社 1989 年

27)　「真のナポリピッツァ協会」日本支部「真のナポリピッツァ技術教本」旭屋出版 2007 年

28)　「パリのパン屋さんガイド」パンニュース社 1984 年

29)　料理通信 2008 年 10 月号「じわじわ広がるパンの新常識」料理通信社

30)　高橋久仁子『食べもの神話』の落とし穴　巷にはこびるフードファディズム」
　　　講談社ブルーバックス　講談社 2003 年

31)　松永和紀『食品報道』のウソを見破る　食卓の安全学」家の光協会 2005 年

32)　松永和紀「お母さんのための『食の安全』教室」女子栄養大学出版部 2012 年

33)　原田恒雄「金のジョッキに、銀の泡」たる出版 1990 年

34)　長谷川輝夫　NHK カルチャーアワー歴史再発見「日常の近世フランス史」日本放送出版協会 2009 年

35)　池上俊一「お菓子でたどるフランス史」岩波ジュニア新書　岩波書店 2013 年

36)　木村尚三郎「世界の都市の物語　パリ」文藝春秋 1992 年

謝辭

所謂「Amicale Calvel」，詳細來說應該是指「Raymond Calvel教授曾經教導過的學生與友人組成的友好聯誼會，也是優質麵包忠實使徒的聚會」。首代會長是Gerard Meunier先生，之後則由Hubert Chiron先生（「LES PAINS FRANÇAIS」作者）繼任。

在「Amicale」的會報誌中，我對於Chiron先生提出關於法國麵包歷史考察的連載深感興趣，因而於2002年發現由Philippe Roussel先生與Hubert Chiron先生共同著作的「LES PAINS FRANÇAIS」一書，當下立即購買。剛開始只是看著其中的照片與圖片，但因為實在太想閱讀其中的內容，所以從3年前開始，自費聘請翻譯。並不只是為了出版，更是為了個人的興趣。

此書當中，有著非常多至今閱讀過，其他麵包相關翻譯書所沒有的內容，更有很多是醉心於法國麵包40年以上經驗的我，首次得知的資訊。也因此從中獲得很多日本人當中只有我才知道的知識。

目前為止，日本麵包業界，關於法國麵包一向以來的定論，很多都只是「都市傳說」而已，在每次的研討會裡將其中的內容逐一展現，之後才有了本書的企畫。正巧有個機會能夠提出「法國麵包的歷史與變遷」文稿，但在我能力不足無法傳達的狀態下過了截稿時效。

這期間，我接收到了Hubert Chiron先生極大量的說明及釋義。如果沒有Hubert Chiron先生的這些說明，這本書也無法完成。藉本書，致上我最大的感謝。此外，也要感謝十分辛苦擔任我與Hubert Chiron先生翻譯的竜瀬加奈子小姐。

最後，若在閱讀本書後，發現內容有任何不適切之處，也請務必留下您的姓名，將您的意見傳至下方郵件。

Mail address：bonpain@donq.co.jp

「LES PAINS FRANÇAIS」

équipe de 'Bon Pain'（Bon Pain團隊）

231

系列名稱 / MASTER

書　名 / DONQ 仁瓶利夫的思考理論與追求

邁向Bon Pain之道

作　者 / 仁瓶利夫

出版者 / 大境文化事業有限公司

發行人 / 趙天德

總編輯 / 車東蔚

翻　譯 / 胡家齊

文 編・校 對 / 編輯部

中文審訂 / 野上智寬・陸莉莉・蔡淑如（依姓氏排列）

美　編 / R.C. Work Shop

地　址 / 台北市雨聲街77號1樓

TEL / (02)2838-7996

FAX / (02)2836-0028

初版日期 / 2017年3月

定　價 / 新台幣 1260元

ISBN / 9789869213196

書　號 / M09

讀者專線 / (02)2836-0069

www.ecook.com.tw

E-mail / service@ecook.com.tw

劃撥帳號 / 19260956大境文化事業有限公司

DONQ NIHEI TOSHIO TO KANGAERU Bon Pain ENO MICHI

© TOSHIO NIHEI 2014

Originally published in Japan in 2014 by ASAHIYA SHUPPAN.INC.

Chinese translation rights arranged through TOHAN CORPORATION, TOKYO.

國家圖書館出版品預行編目資料

邁向Bon Pain之道：DONQ 仁瓶利夫的思考理論與追求

仁瓶利夫 著；--初版.--臺北市

大境文化，2017[民106] 232面；21×30公分.

（MASTER；M09）

9789869213196

1.點心食譜　2.麵包

427.16　　106001907

企画・制作　有限会社 たまご社

編集　　　　松成容子

攝影　　　　有限会社 スタジオ・ワイ／山本明義

照片提供　　仁瓶利夫

　　　　　　株式会社ドンク

設計　　　　有限会社 コーズ／高　才弘　社　晶子

Special thanks（省略敬称　不排序）

ユベール・シロン　Hubert CHIRON

ジュラール・ムニエ　Gerard MEUNIER

オリビエ・ラングロワ　Olivier LANGLOIS

ベルナール・デリュー　Bernard DERRIEU

竜瀬加奈子

竹谷光司

明石克彦

金林達郎

玉木　潤

狩野義浩

日清製粉株式会社

上村竜治

関　靖彦

日仏商事株式会社

宮原倫夫

西田純司

オリエンタル酵母工業株式会社

株式会社よし与工房

塚本有紀

丹野隆善

シモン・パスクロウ

原田昌博

奥田有香

三島千鶴子

松浦恵里子

◎麵包製作協力

佐藤広樹、菊谷尚宏、德澤浩明

◎製作協力

株式会社ドンク

中土　忠